iPhone芸人 かじがや卓哉の スゴいiPhone 16

超絶便利なテクニック140

16/Plus/Pro/Pro Max対応

かじがや卓哉 著

インプレス

はじめに

おかげさまで、『スゴいiPhone』も８冊目！iPhone Xの発売から始めたこのシリーズをここまで続けることができたのは、日ごろから応援していただいている皆さんのおかげです。ありがとうございます！

iPhone 16シリーズはカメラ機能が進化し、シャッターボタンとしか思えない「カメラコントロール」が登場したりと、とにかく、いつでも誰でも簡単にきれいな写真が撮れる、そんなiPhoneになったと思います。そして一方のiOS 18は、過去最大級のアップデートになるのではないかと期待しています。日本語対応がまだ途中ですが、アップル製のAI機能「Apple Intelligence」が、ついに登場しました。これはスマートフォンという軸で見ても、ターニングポイントになるかもしれません。

ボクにとっても今回の発表は、大きなターニングポイントとなりました。何と米国のアップルからご招待いただき、本社であるApple Parkで発表会に参加してきました。宿泊したホテルの窓からはGoogleやNASAが見えて、世界屈指のハイテクエリアであるシリコンバレーの環境に圧倒されました。発表会の詳細はコラムにまとめましたので、詳細はそちらでご覧ください。

その発表会で気になったのが、AirPods Pro 2との組み合わせによる聴力補助機能です。iPodから音楽革命が始まり、今やみんながイヤホンをする時代になりましたが、それと同時に聴力に与える影響も考えなければいけなくなっています。そんな中で、単に「いい音を出す」ではなく、「耳を守って、音楽のある生活も守る」ことを打ち出してきたのは、何ともアップルらしいと思います。これが大きな一歩となって世界のイヤホンがその方向に進み、いつか老若男女がAirPodsを付けて快適な生活を送っているという社会が見られるのかもしれません。

そんな多くの可能性を秘めたiPhoneの知識を最新にアップデートしていくためにも、本書を手に取っていただき、ひとつでも多くの変化（テクニック）を習得していただければ幸いです。

もくじ

CHAPTER 1

iPhone 16 & iOS 18対応! 最新テクニック大公開!

CHAPTER 2

これでデータ移行も失敗なし! iPhone機種変更テクニック

CHAPTER 3
全部知っているかな? iPhone基本のテクニック

CHAPTER 4

オススメの定番ワザが満載!
iPhone芸人イチオシテクニック

CHAPTER 5

新OSの機能でデータを守れ! iPhone防御・防衛テクニック

CHAPTER 6

スピード勝負では絶対負けない!
iPhone高速テクニック

CHAPTER 7

これで手間なしラクチン操作! iPhoneラクラクテクニック

KAJIGAYA's COLUMN

「カメラコントロール」を新たに搭載

カメラが使いやすくなった iPhone 16シリーズ登場！

iPhone 16および16 Proシリーズの大きな特徴は、側面に新設された「カメラコントロール」です。押すと「カメラ」アプリがすぐに起動し、そのままシャッターボタンとして機能。タッチセンサーを備えており、指をスライドさせることで、ズームや露出、被写界深度などを調整できます。このボタンにはサードパーティーのカメラ系アプリも対応可能で、写真やビデオのツールがより使いやすくなります。

カメラ自体も進化しました。Proシリーズは、1200万画素だった超広角カメラが4800万画素になり、16 ProもPro Maxと同じ光学5倍ズームに。ビデオでは、4K/120fpsでのスローモーションも撮影可能です。iPhone 16ではレンズの配置が縦に変更され、空間写真と空間ビデオに対応。マクロ撮影もできるようになりました。

内部のチップはA18シリーズにアップデートされました。さらに高速になり、全機種が、新OSの目玉となる「Apple Intelligence」に対応します。

またProシリーズはディスプレイサイズも大きくなりました。Proは旧機種の6.1インチから6.3インチへ、Pro Maxは6.9インチになり、歴代iPhoneで最大のディスプレイサイズとなっています。大きな画面と進化したカメラ――iPhoneは、写真やビデオをより手軽に楽しめるパートナーに進化しました！

ここがスゴくなった！ iPhone 16の新機能

Apple Intelligence対応の高速なチップが搭載されたiPhone 16シリーズ。カメラや充電機能など、頻繁に利用する機能がしっかり進化しています！

iPhone 16 Pro

ディスプレイサイズが拡大

Proは6.3インチ、Pro Maxは6.9インチと、歴代iPhoneで最大のディスプレイサイズとなりました。

超広角カメラが4800万画素に

Proシリーズの超広角カメラが4800万画素となり、倍率0.5xでも高解像度で撮影可能です。

4Kでのスローモーション撮影

Proシリーズには4K/120fpsの撮影モードが加わり、4Kでのスローモーション撮影が実現しました。

より高速となったA18チップが全機種に搭載

内部のチップも刷新され、全機種に、A18チップを採用。Proシリーズは特に高速なA18 Proチップを搭載します。

MagSafeが進化

背面に搭載されたMagSafeでの充電が最大25Wとなり、ワイヤレス充電も高速に。

片手で操作できるカメラコントロール

センサー搭載のボタン「カメラコントロール」を搭載。カメラ関連のアプリがより手軽に操作できます。

iPhone 16シリーズの3つの注目ポイント!

iPhone 16共通のポイントは、やはりカメラ関連機能の充実です。一方で、AI対応スマートフォンとしての進化も始まっています!

POINT 1

「Apple Intelligence」に対応

iOS 18.1では、アップルのAI機能である「Apple Intelligence」が搭載されました(P.58参照)。iPhone 16シリーズの全機種が対応しています。文章作成や要約、画像や動画の生成、秘書のように活躍するSiriなど、iPhoneの活躍の場はもっと広がります。

日本語版は2025年中に対応予定

POINT 2

「カメラコントロール」が追加

「カメラコントロール」は、「カメラ」アプリの起動からシャッターまでを兼ねるボタン。センサーを備え、そのままズームや明るさの調整もできるので、ユーザーは両手でカメラのように構えたまま手を離すことなく撮影できるようになります(P.28参照)。

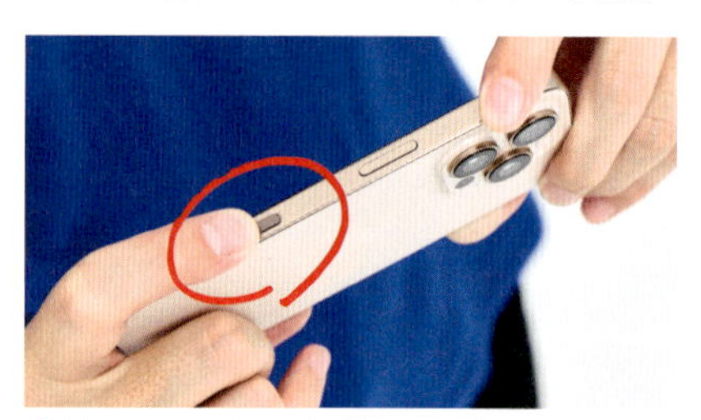

デジタルカメラのように両手で構えるときに便利

POINT 3 iPhone 16 Proも光学5倍ズーム

旧機種ではPro Maxのみだった光学5倍ズームが、iPhone 16 Proにも搭載されました。固定のズームが、0.5x / 1x / 2x / 5xとなりました。光学5倍ズームが使えるのは、個人的にもうれしいです!

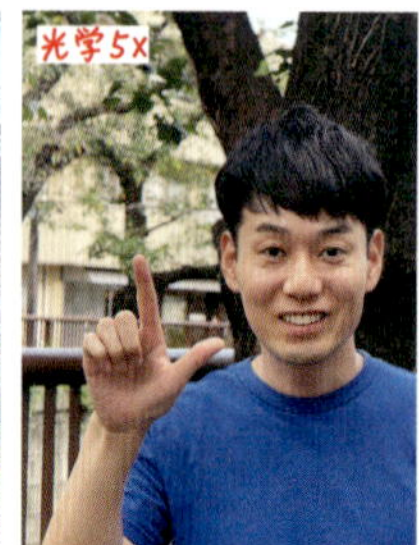

手ブレ補正が強力でズーム撮影も安定しています

iPhone 16 & iOS 18対応！ 最新テクニック大公開！

001 雰囲気をガラッと変える アイコンのカスタマイズ術

ホーム画面に新しいカスタマイズ機能が用意されました。アイコンの色合いを調整することで、ホーム画面の雰囲気をガラッと変えることができるんです。好きな色──例えば、ボクの場合は青を選んで画面全体を青っぽくしたり、彩度を落としてモノクロ風にしたり、自分の好みで色味を統一すれば、今まで見たことがない個性的なホーム画面が現れます。

また、アイコンサイズを通常サイズの「小」から「大」に切り替えると、ア

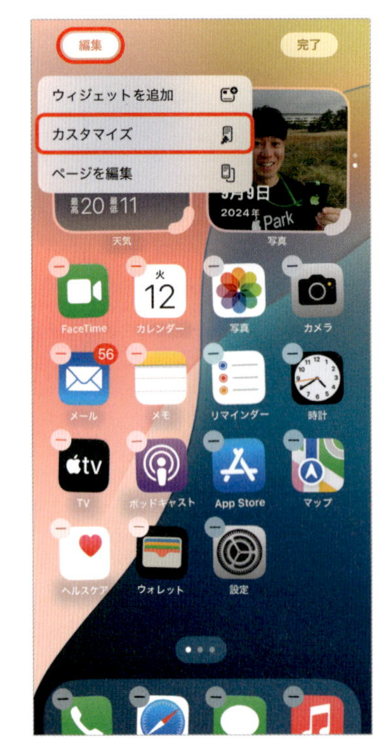

1 ホーム画面の空いている部分を長押しし（アイコン長押し➡「ホーム画面を編集」でもOK）、アイコンが震え始めたら「編集」➡「カスタマイズ」をタップします

2 画面下部に表示されたエリアで、明暗や色合いを設定します。「ライト」と「ダーク」は、従来のモードです。「自動」は、時間帯で明暗を自動で切り替えます

イコンが大きくなると同時にアプリ名が非表示になるためスッキリした見た目になります。自分だけのホーム画面が作れるのはもちろん、まだこの機能に気付いていない人をビックリさせるのにもってこいの機能ですね。

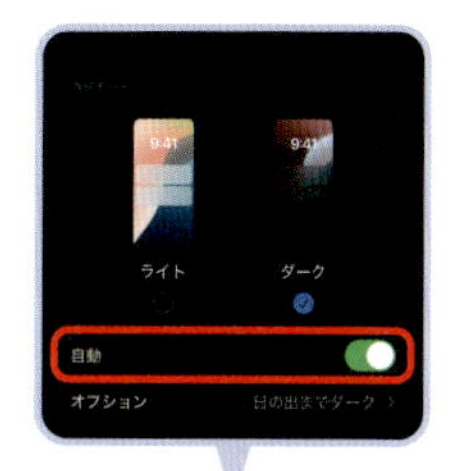

MEMO

「自動」はiPhoneの設定に依存する

カスタマイズ画面で「自動」を選択しても、自動で明暗が切り替わらないときは、「設定」アプリの「画面表示と明るさ」で「自動」がオンになっていることを確認しましょう。

3 「色合い調整」では、カラーと彩度のスライダーを使ってアイコンやウィジェットの色合いを詳細に設定できます。左上の太陽のアイコンで背景の明暗が切り替わります

4 カスタマイズのエリア上部の「小／大」は、アイコンサイズの設定。「大」に切り替えるとアイコンサイズが大きくなって、アプリ名が表示されません

002 アイコンとウィジェットを自由な場所に配置する

15年以上にわたるiPhoneの歴史が変わりました！ これまでアプリやウィジェットは左上から順番にしか配置できなかったのですが、iOS 18からは自由に配置できるようになったんです。間を空けて配置したり、下のほうから並べたりすることが可能です。

人物やペットを壁紙にして、顔の部分だけアプリをよけて配置したりするなど、楽しいホーム画面が作成できます。また、アプリをジャンルごとに分けて並べたり、片手操作のときに指

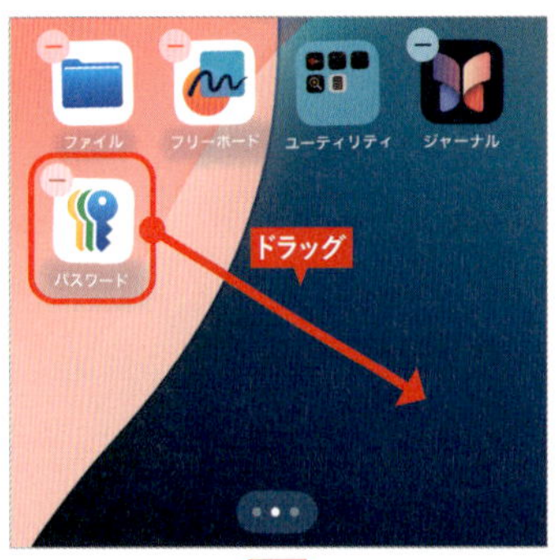

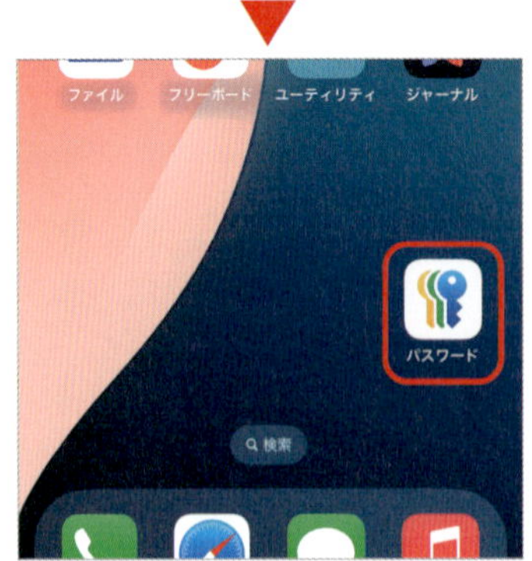

1 ホーム画面の空いている部分を長押しして、アイコンが震え始めたらドラッグします。下のほうの空いたスペースに移動すると、そのままそこに配置できます

2 アイコンの右側か次の列にアプリが並んでいる状態だと、移動したアイコンで空いたスペースにスライドします。空きスペースを作るには、ひとつひとつ配置する必要があります

が届きやすいように画面の下のほうにアプリを配置したりと、利便性を考えた配置も可能です。個性を発揮するもよし、効率を重視して配置するもよし、アイコンのカスタマイズと併せて(P.16参照)、楽しみましょう。

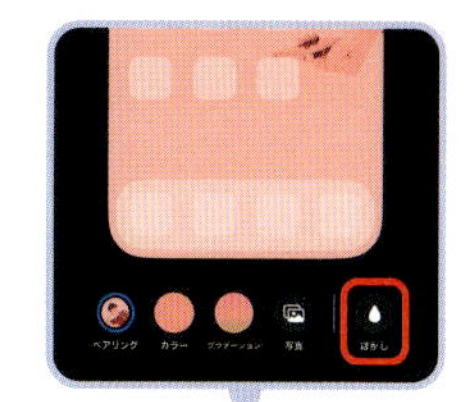

MEMO

「ぼかし」を外して壁紙と組み合わせる

ホーム画面の壁紙の写真などに合わせてアイコンを並べる場合は、ロック画面のカスタマイズの際に「ホーム画面のカスタマイズ」を選び(P.80参照)、右下にある「ぼかし」のアイコンをオフにして、写真をハッキリ表示させましょう。

3 壁紙に写真を配置して、顔の位置を避けるようにアイコンを並べるといったこともできます。また、下のほうにアイコンを集めておくと、片手操作のときに指が届きやすくなります

4 ウィジェットも自由に配置できます。アプリのアイコンと組み合わせて配置することも可能ですが、ウィジェットのサイズを変更すると(P.22参照)、配置がズレる場合があります

003 よく使うコントロールをロック画面に配置しよう

iPhoneのロック画面にフラッシュライトとカメラの起動ボタンが配置されていることは、ユーザーにとっては周知の事実でしょう。iOS 18では、この2つのコントロールが変更できるようになりました。特に左下のフラッシュライトは、iPhoneを持つときに誤って押してしまいがち。この1年の間で3人くらいの人に「ライト点けっぱなしですよ」と教えてあげたほどです（笑）。また、iPhone 16シリーズには「カメラコントロール」が搭載されたので（P.28

1 ロック画面を長押しし、画面下部に「カスタマイズ」➡「ロック画面」をタップします。ロック画面に複数のデザインがある場合は、編集したい画面を選びます（P.80参照）

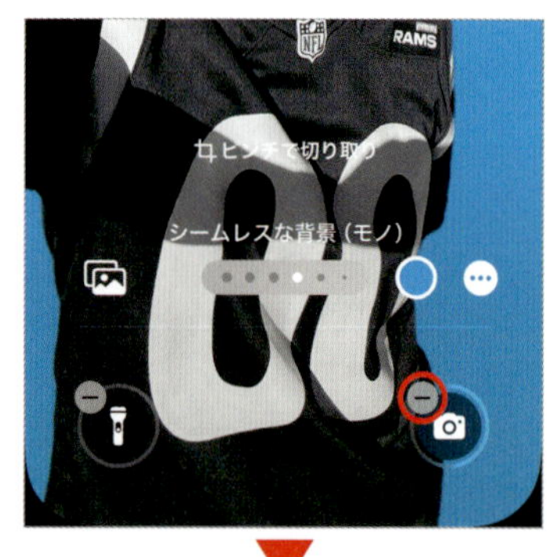

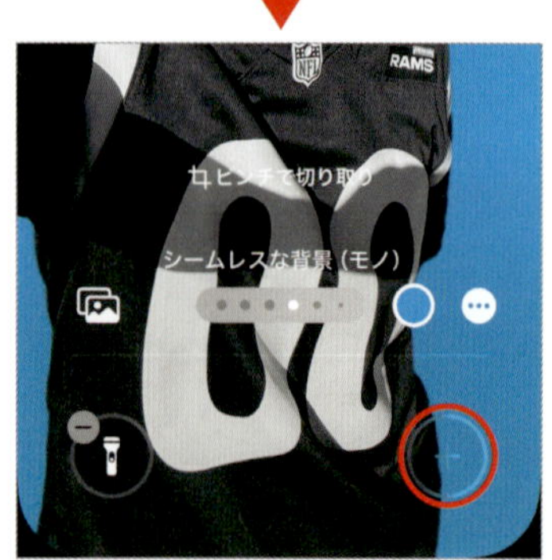

2 変更したいアイコンの左上の［－］をタップします。何も表示させたくない場合は、画面右上の「完了」をタップ。別のコントロールを指定するには［＋］をタップします

参照)、画面にアイコンを置いておく必要もありません。

このロック画面下部には、コントロールセンターのアイテムのほか、よく使うアプリなども配置できるので、作業効率も上がりそうですね。

MEMO

iPhone 15以前の機種でカメラを呼び出す

iPhoneのロック画面を左方向にスワイプすると、カメラが起動します。「カメラコントロール」を備えない機種では、この方法で素早くカメラを起動できます。

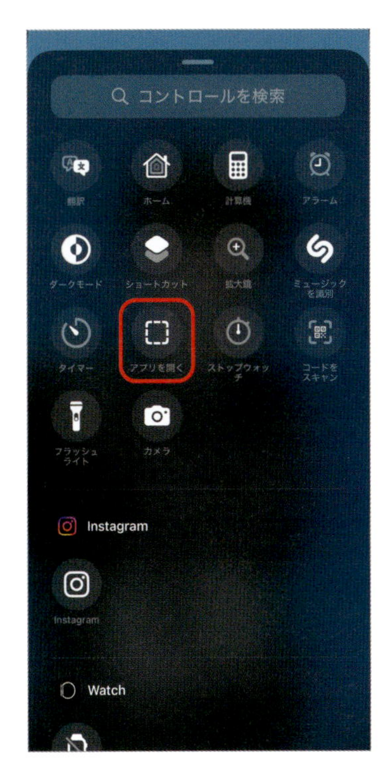

3 コントロールのアイテムが一覧表示されます。ロック画面に配置したいコントロール(ここでは「アプリを開く」)をタップして選択します

4 「アプリを開く」の設定ウインドウが開いたら、ロック画面に配置したいアプリを選択します。画面の空いている部分をタップして、最後に画面右上部の「完了」をタップします

004 ホーム画面上で完結する ウィジェットのカスタマイズ

　情報の閲覧やアプリの起動ができるウィジェットは、これまで、ホーム画面の空いている部分の長押しで一覧を表示し、目的のウィジェットを選択する必要がありました。iOS 18では、こうしたウィジェットの操作性が格段によくなりました。

　例えば、よく使うアプリのアイコンを長押しし、表示されたメニューにウィジェットのアイコンがあれば、ウィジェットに置き換えが可能です。逆に、ウィジェットを長押ししてアイ

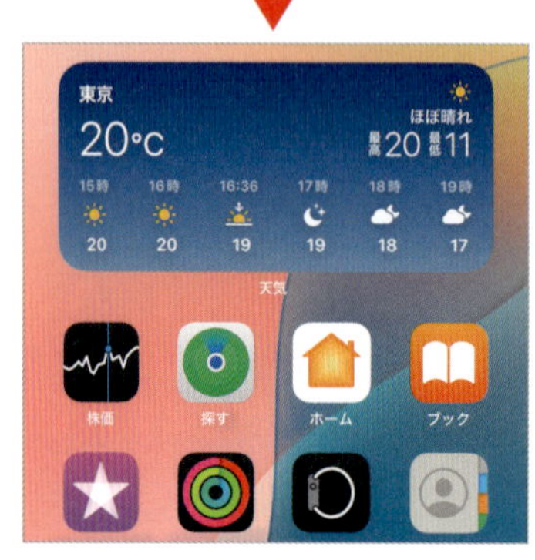

1 アプリのアイコンを長押しして、メニュー上部（または下部）に表示されるウィジェットアイコンをタップすると、アイコンがウィジェットに置き換わります

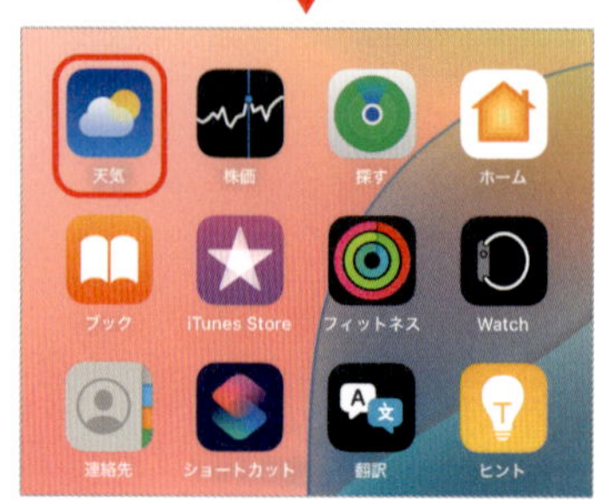

2 元に戻すには、ウィジェットを長押しし、メニューからアイコン表示のアイコンをタップします。ウィジェットが消えてアプリのアイコンが復活します

コン表示に戻すこともできます。また、ウィジェットのサイズ変更も、ハンドルをドラッグして直感的に操作可能になりました。この機会によく使うアプリを長押ししてみましょう。ウィジェットに変更できるかもしれません。

MEMO

従来の方法でもウィジェットを追加可能

ウィジェットは従来の方法でも配置可能です。画面の空いている部分を長押しし、画面左上の「編集」から「ウィジェットを追加」をタップして追加します。

3 画面の空いている部分を長押しすると、アイコンと一緒にウィジェットも震え始めます。この状態で、ウィジェットの移動や削除も可能になります

4 ウィジェットの右下に表示されるハンドルをドラッグすると、ウィジェットのサイズを変更できます。画面右上の「完了」をタップすると、サイズが確定されます

005 中身を見られたくないアプリはロック&非表示でガード

iOS 18の新機能として、アプリをロックしてプライバシーを守る機能が搭載されました。ロックをかけたアプリを開くには、Face IDやTouch ID、またはパスコードによる認証が必要になります。

例えば、「写真」アプリなどプライバシー性の高いアプリにロックをかけておけば、iPhoneを他人に渡しても写真や動画が見られなくなります。また、アプリの存在そのものを隠したいときには「非表示」にすることも可能です。

Face IDを必要にする（標準アプリ）

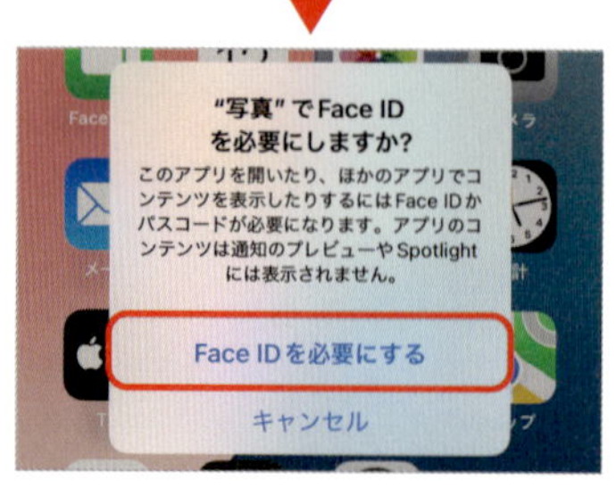

1 ロックをかけたいアプリのアイコンを長押しし、メニューから「Face IDを必要にする」をタップ。メッセージを確認して再度「Face IDを必要にする」をタップします

2 設定後にアプリの起動を試みると、Face IDによる本人確認を要求されます。解除するには、アプリアイコンを長押しし、「Face IDを必要にしない」をタップします

金融機関のアプリなど、そもそもどこの口座を使っているかわからないようにしておくこともセキュリティ対策として有効です。ただし、プリインストールされているiOSの標準アプリは非表示にできません。

MEMO

アプリを非表示にするとどうなるの?

非表示にしたアプリは、検索しても見つからず、通知もされなくなりますが、スクリーンタイムやバッテリーの使用状況には表示されます。なお、マップやカメラなど一部にロックできないアプリも存在します。

非表示にしてFace IDを必要にする(サードパーティーアプリ)

1 標準アプリ以外のアプリは非表示にすることができます。アプリを長押し➡「Face IDを必要にする」をタップし、「非表示にしてFace IDを必要にする」をタップします

2 非表示のアプリは、アプリライブラリの最下部にある「非表示」フォルダに入ります。フォルダをタップしてFace IDで認証するとアイコンが表示され、タップで起動できます

006 進化した「コントロールセンター」を使いこなそう

iOS 18で大幅に進化を遂げたのが、コントロールセンターです。これまで設定できなかったサードパーティーのアプリを登録できるようになり、カスタマイズ性も向上しています。

また、縦スクロールで移動可能な複数のページ（グループ）が利用できるようになり、ジャンルごとにグループを作成することもできます。例えば、「ホーム」のコントロールをグループとして1つの画面にまとめておけば、コントロールセンターがリモコンに！

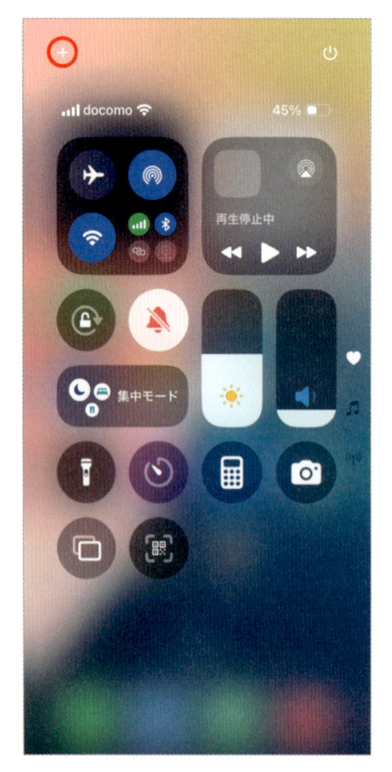

1 コントロールセンターを表示して、左上の［+］をタップすると編集モードになります。右上には電源ボタンが配置され、ここから電源をオフできるようになりました

2 編集可能な状態でコントロールを追加する場合は、「コントロールを追加」をタップします。ここでは右端のアイコンで「○」をタップして新しいグループを作成します

さらに、ショートカットの「アプリを開く」によく使うアプリを登録しておけば、ほかのアプリで作業していても、ホーム画面に戻ることなくコントロールセンターから登録アプリをすぐに開けるようになります。

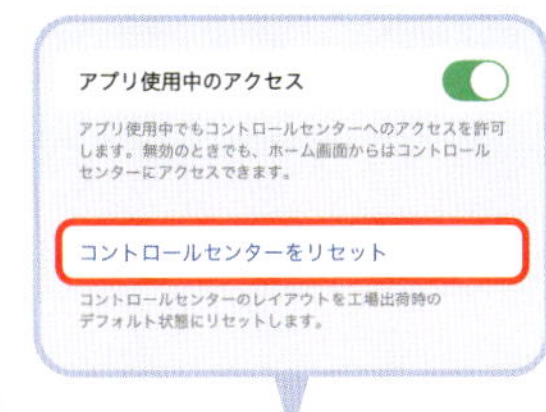

MEMO

コントロールセンターを工場出荷状態に戻すには

自由にカスタマイズしたものの、リセットして最初から整理し直したいというときは、「設定」アプリの「コントロールセンター」で「コントロールセンターをリセット」をタップします。

いつでもアクセスできるボクらのコントロールパネル!

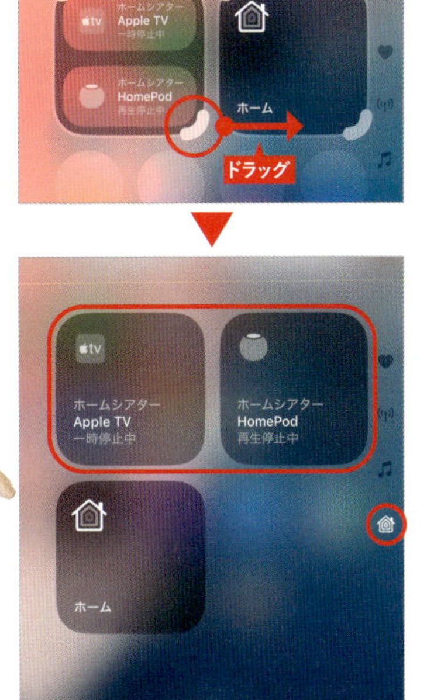

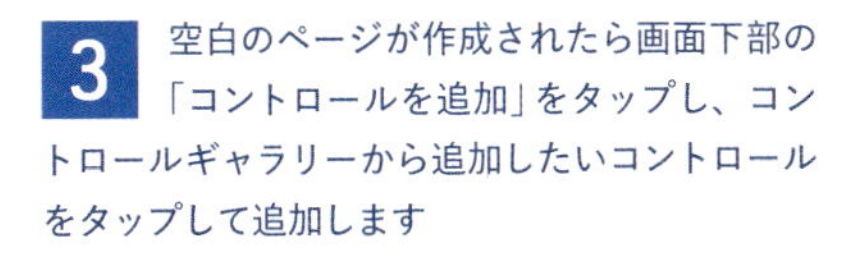

3 空白のページが作成されたら画面下部の「コントロールを追加」をタップし、コントロールギャラリーから追加したいコントロールをタップして追加します

4 ウィジェットと同様に、コントロール右下のハンドルで表示サイズを変更できます。「ホーム」に関するコントロールを集めた「ホーム」のグループができました

007 「カメラコントロール」で片手でズーム撮影も簡単！

iPhone 16シリーズに搭載された「カメラコントロール」は、カメラ関連の操作をボタン一つでこなすスゴいヤツなんです。ロック画面はもちろん、ほかのアプリの操作中でも、カメラコントロールを押せば、「カメラ」アプリが起動し、再度押すとシャッターが切れます。カメラの呼び出しから撮影まで流れるように操作可能で、子どもやペットの決定的瞬間を逃しません。

また、カメラコントロールはタッチセンサーを備え、押し方には全押しと

1 カメラコントロールは、iPhone 16シリーズのサイドボタンの下側。iPhoneを横に持つと、デジカメのシャッターの位置になります。タッチセンサーを備え、スライド操作も可能

2 カメラコントロールを押してカメラを起動し、ボタンを2回続けて半押しすると画面の端に設定項目が表示されます。ボタン上で指をスライドさせて項目を選択します

半押しの2種類があります。半押しするとカメラの切り替えやズーム、露出などさまざまな調整項目が現れ、指をスライドすることで調整できます。使いこなせるようになれば、片手でズーム撮影も簡単にできちゃいます。

MEMO

「カメラコントロール」で動画を撮影する場合

カメラ起動中にカメラコントロールのボタンを長押しすると動画の撮影が開始し、指を離すと撮影終了します。ただし、カメラの撮影モードが「ビデオ」など動画撮影になっている場合は、ボタンを押すと撮影開始で、もう1度押すと終了します。

3 カメラコントロールを1回半押しすると、選択中の設定（ここでは「ズーム」）の調整ができます。ボタン上で指をスライドしてズームの倍率を調整します

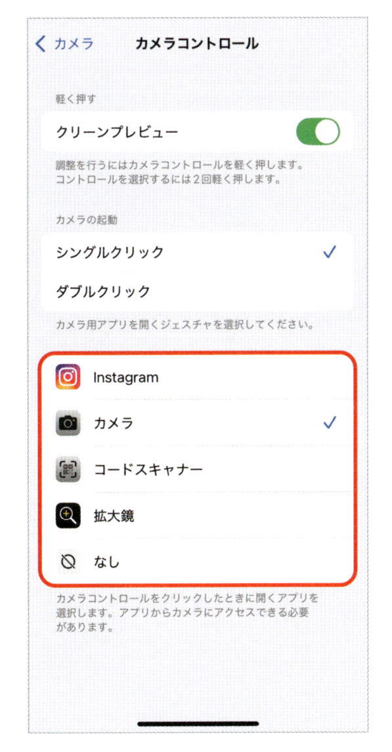

4 「設定」アプリの「カメラ」➡「カメラコントロール」で、呼び出すアプリを変更できます。ここでの設定に関わらず、「カメラ」起動中の操作はカメラコントロールで行えます

008

新しい写真ライブラリを見やすくカスタマイズ

iOS 18では、「写真」アプリに大幅な変更がありました。これまでタブで分類していた表示方法が、画面上部にライブラリ、画面下部にコレクションという配置になり、1つの画面をスクロールで行き来する仕様になっています。これはこれで便利ですが、慣れないうちは、目的の写真や動画を探し出すのに時間がかかってしまいます。そこで、まずは自分にとって必要なコンテンツの表示方法を覚えましょう。

「ライブラリ」では、サムネールのサ

ライブラリ

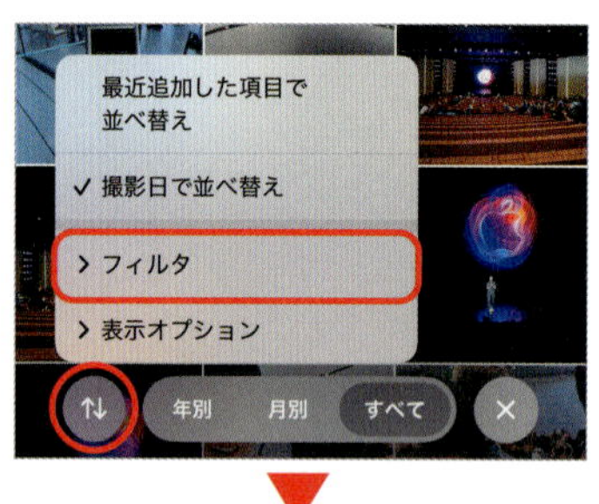

1 ライブラリ表示中に、画面左下の「⇅」をタップして表示内容などを設定します。追加日か撮影日で並べ替えたり、「フィルタ」をタップして特定の項目で絞り込みも可能です

2 「⇅」で「表示オプション」をタップすると、サムネールのサイズや縦横比を変更できます。その下の「表示」でチェックマークを外した項目はライブラリに表示されなくなります

イズ変更や並べ替え、フィルタによる表示などが指定できます。一方、「コレクション」では、各コレクションの表示／非表示、ピン留め、並び順を自由に設定できるので、自分の使い方に合ったレイアウトを構築できますよ。

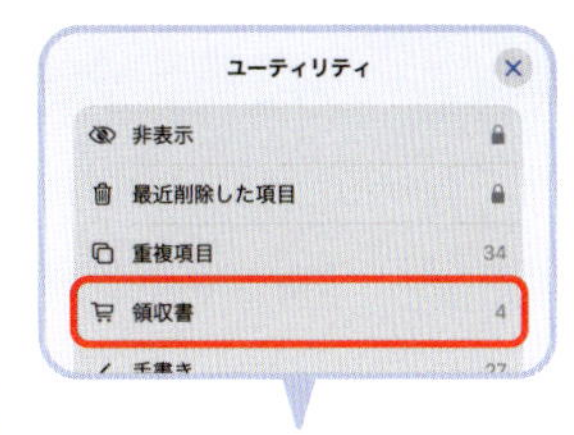

MEMO

ボクのための カテゴリーが追加された?

コレクションはさまざまなカテゴリーで分類されています。個人的に驚いたのが「ユーティリティ」の中にある「領収書」で、書類っぽいものを集めて表示してくれます。ボクは税理士でもあるので、すでに役立っています!

コレクション

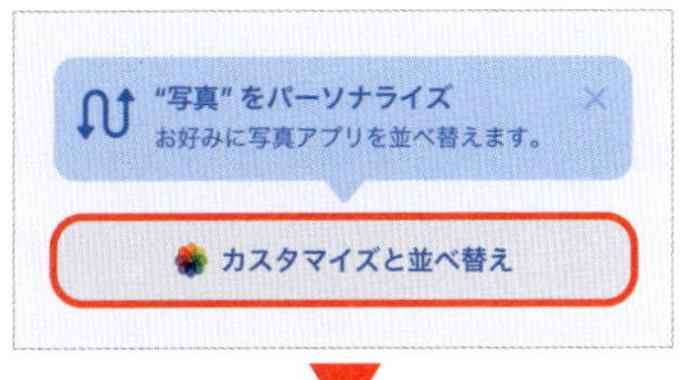

1 画面を一番下までスクロールして「カスタマイズと並べ替え」をタップし、コレクションに表示する項目を選びます。並べ替えるには、右側の「≡」をドラッグします

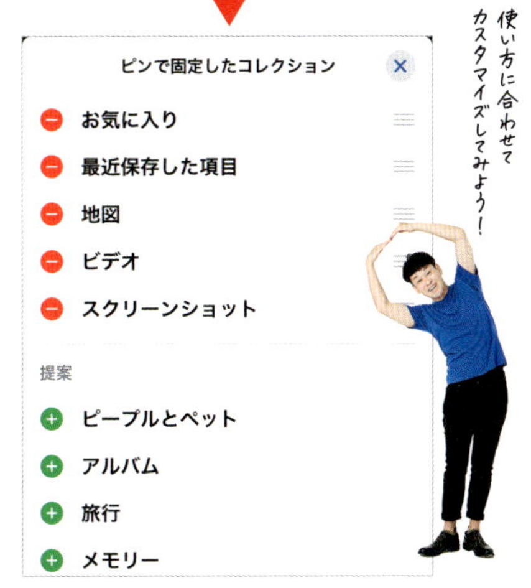

2 「ピンで固定したコレクション」の右側の「変更」をタップして、ピン留めするコレクションの追加や並べ替えを行います。よく利用するコレクションを設定しましょう

009 不要なものを触れば消せる写真の「クリーンアップ」

アップル製AI「Apple Intelligence」の注目機能のひとつ「クリーンアップ」は、写真に映った不要な部分を触るだけで消してくれるツールです。例えば、旅先で記念撮影した家族写真に写り込んだ他人を消したり、風景を邪魔する看板を消したりして、そこになかったことにしてくれる便利な機能です。

難しい操作は不要で、編集画面で「クリーンアップ」を選ぶと自動的に削除する候補をハイライトしてくれます。それをタップすれば、その部分が

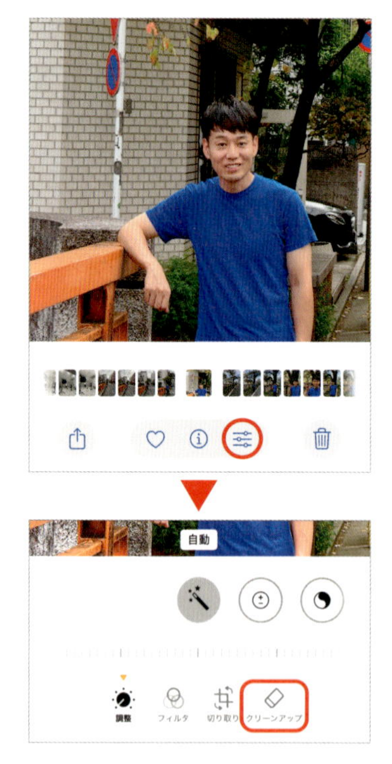

1 写真を開いて画面下部の編集アイコンをタップし、編集画面に切り替わったら、画面下部の「クリーンアップ」をタップします。使用できるのはiPhone 15 Pro以降の機種です

2 この時点でAIが消去する部分を自動で認識してハイライトしてくれます。背景の自動車が選ばれていますが、ここではAIが認識していない左側の道路標識を消します

一瞬で消えます。AIが認識しなかった場所は、指でなぞればOK。さらには、人の顔を囲むようになぞると、モザイクをかけてくれる気の利きようです。SNSに写真をアップする前にサッとなぞれば、プライバシーも守れます。

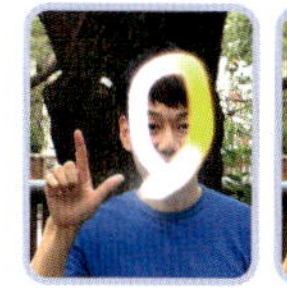

MEMO

顔を囲むと一瞬でモザイク処理

人の顔と認識されている部分は、指でクルッと囲むと、モザイク処理がされます。背景に他人が写った写真をSNSにアップする場合など、プライバシーに配慮した画像処理が一瞬でできて便利です。

3 標識の辺りを縦に指でなぞります。だいたいの位置をなぞると、自動で標識が認識され、そこに何もなかったかのように消えてしまいました。一瞬の出来事です

4 残りの車や看板も消しました。AIが認識している部分はタップすると消えますが、背景が複雑な場合はうまくいかないので、何度か処理をする必要があります

010

なぜ今までなかったの？ ビデオ撮影を一時停止

iOS 18では「カメラ」アプリに「なぜ今までなかったんだろう」という神機能が追加されました！ それがビデオ撮影中の一時停止です。これにより、動画データを分割することなくカットを入れた動画を撮影できます。また、動画データを１つにしたいがために無駄な時間もカメラを回し続ける必要もなくなりました。例えば、花火大会の撮影をする際、花火の合間の暗い夜空を撮り続けることなく、１つの動画にまとめられるわけです。

カメラコントロール長押しでは一時停止できません

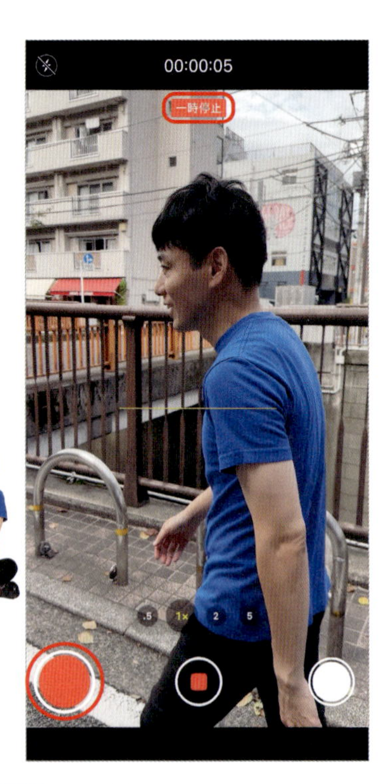

1 「カメラ」アプリの「ビデオ」で、中央の録画ボタンをタップして動画撮影を始めます。すると、一時停止ボタンが左下（横画面の場合は右下か左上）表示されるので、タップします

2 録画が止まり、上部に「一時停止」と表示されます。一時停止ボタンが録画ボタンに変わるので、タップすると、録画が再開します。停止中にズームの変更も可能です

011 進化した「フラッシュライト」は光量と範囲が調節可能に

iPhoneを懐中電灯代わりに使える「フラッシュライト」に、試さずにはいられない新機能が搭載されました。光量や照射範囲をスワイプで調整できるんです。これまでも光量の調整はできましたが、iOS 18ではダイナミックアイランドを使って、上下のスワイプで光量、左右のスワイプで照射範囲をそれぞれ調整可能です。対応機種は、ダイナミックアイランドに対応したiPhone 14シリーズ以降。また、照射範囲の調整はProシリーズのみです。

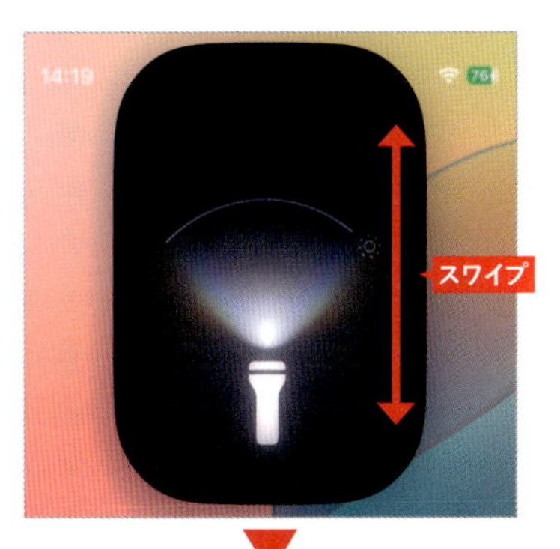

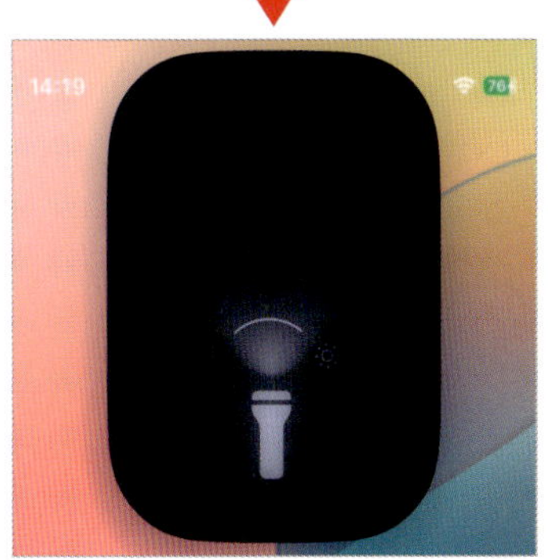

1 フラッシュライトをオンにすると、ダイナミックアイランドが広がって懐中電灯のグラフィックが表示されます。上下にスワイプすると、光量を調整できます

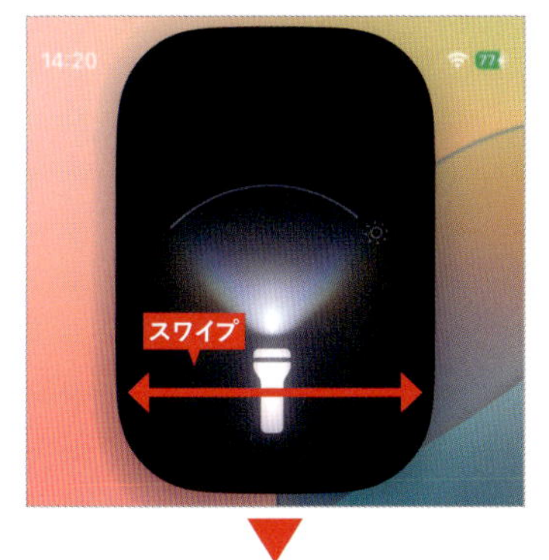

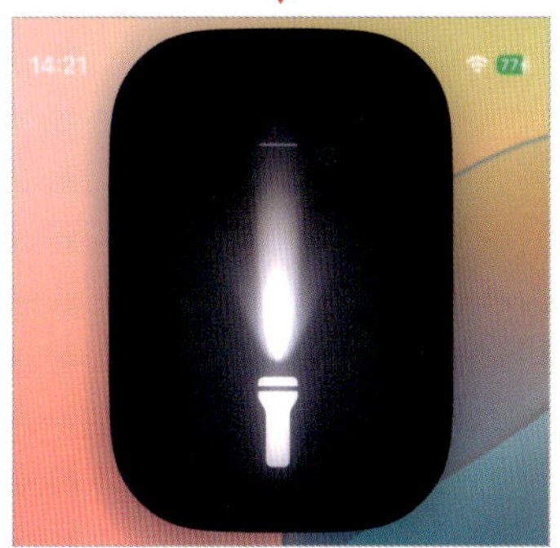

2 同様に、懐中電灯の画像上で横方向にスワイプすると光の幅が狭まり、より遠くに光を届けられます。この状態で縦方向にスワイプしても光量の調整は可能です

012 FaceTimeで通話相手のiPhoneをリモート操作

FaceTimeの画面共有機能が、iOS 18で通話中の相手のiPhoneを遠隔操作できるまでに進化しました。例えば、離れて暮らす両親からiPhoneの使い方について相談を受けた場合、口頭で説明してもなかなか伝わりません。そこで、iPhoneをリモートで操作することができれば問題解決です。

画面共有は、自分から共有することも、相手の画面の共有をリクエストすることもできます。iPhoneの操作に明るくない相手であっても、こちらから

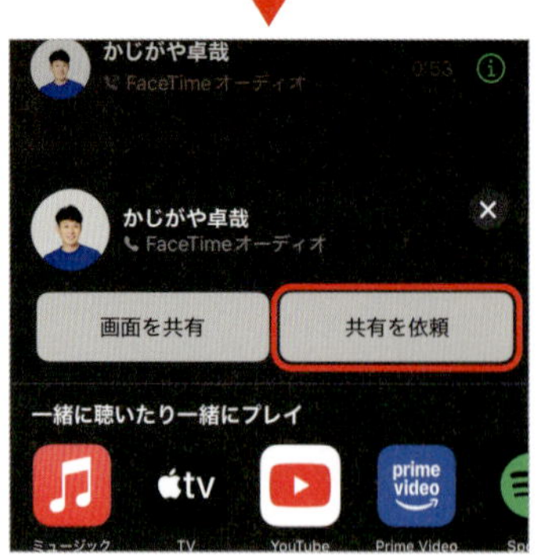

1 FaceTimeで通話中、FaceTime画面、またはダイナミックアイランドをタップして、「画面共有」アイコンをタップします。続いて「共有を依頼」をタップします

2 依頼された相手が「共有」をタップすると、相手の画面が自分のiPhoneに表示されます。小さく表示されている共有画面をタップすると、画面いっぱいに拡大されます

リクエストすれば、相手はリクエストに対して「許可」をタップするだけです。あとは一緒に画面を見ながら遠隔操作すればOKです。なお、リモート操作中はApple AccountやFace IDなど一部の操作は制限されます。

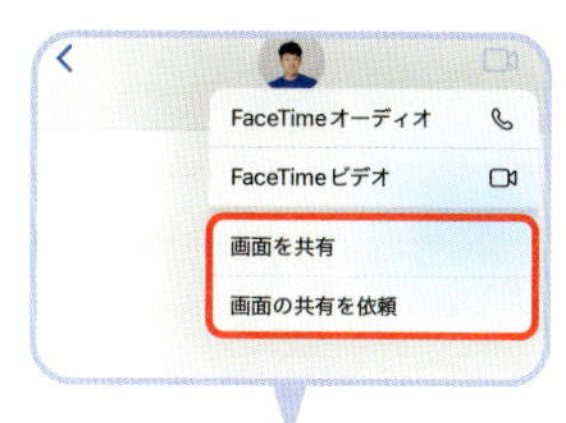

MEMO

「メッセージ」アプリからも画面共有を開始できる

FaceTimeだけでなく、メッセージのやり取りから画面共有を開始できます。メッセージ画面右上部のビデオアイコンをタップして、「画面を共有」または「画面の共有を依頼」をタップします。

3 共有画面には自動で消えるマークアップが可能です。さらに、右下の遠隔操作のアイコンをタップして、相手が「許可」をタップすると、遠隔操作が可能になります

4 自分のiPhoneに表示された相手の画面を操作します。遠隔操作中でも、画面の共有元の人は自分のiPhoneを操作可能で、リモート操作よりも優先されます

013 Mac上でiPhoneを操作する「iPhoneミラーリング」

スマホはiPhone、パソコンはMacというアップルファンに朗報です。最新のmacOS Sequoiaに「iPhoneミラーリング」というアプリが追加され、Mac上でiPhoneが操作できるようになりました！ Macで作業中、バッグの中のiPhoneに届いた通知を確認したり、Webサービスにブラウザではなくアプリでログインしたいときなどに便利です。ホーム画面のアイコンの並べ替えもスイスイいけます。

また、ミラーリング中にはMacと

1 Macの近くにiPhoneを置いた状態で、Macの「iPhoneミラーリング」アプリを起動します。iPhone側にパスコードを求める画面が表示されたらiPhoneのパスコードを入力します

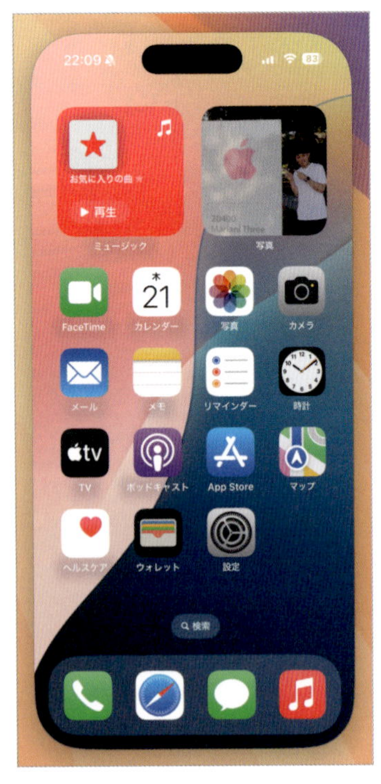

2 Mac側でいくつか初期設定を行ったあと、「開始」をクリックすると、iPhoneのホーム画面が開きます。なお、iPhoneを操作するとミラーリングは解除されます

iPhone間でのドラッグ&ドロップが可能です。iPhoneで撮った写真をMacのデスクトップにドラッグするといったこともできるわけです。なお、iPhoneとMacは同一のApple Accountでサインインしていることが条件です。

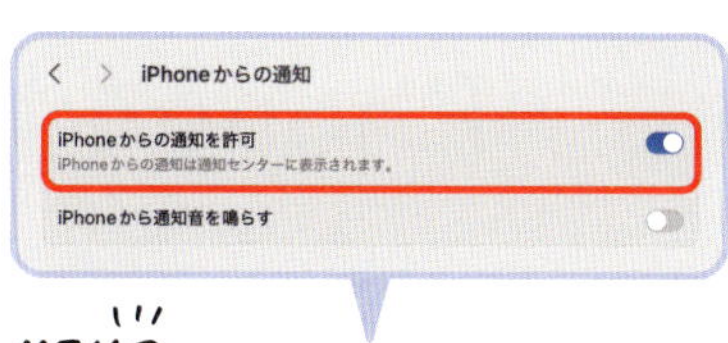

MEMO

MacでiPhoneの通知を受け取る方法

Macの「システム設定」➡「通知」で「iPhoneからの通知を許可」をオンにすると、ミラーリングするiPhone内のアプリから通知を受け取るものを個別に選択できます。

3 ポインターをiPhoneのウインドウ上部に移動させると表示されるアプリスイッチャーとホーム画面のアイコンは、アプリの切り替えやホーム画面の表示に利用します

4 iPhoneと同じようにアプリを操作します。トラックパッドならスワイプなどもそのまま反映されます。「ミュージック」アプリなどの音声は、Mac上で再生されます

014 手を使わず視線だけでiPhoneを操作する！

iOS 18の新機能で、ボクが一番驚いたのが、「視線トラッキング」です。これは、iPhoneの操作を目線のみで行う機能で、身体に障がいのあるユーザーのために用意されたものですが、使ってみると、iPhoneがまるで未来から来たデバイスのように感じました。

利用するにはまず、「設定」アプリで視線トラッキングの設定を行います。設定が完了したら、いよいよ視線で操作開始です！ iPhoneの画面上に表示される半透明のグレーのポインターに

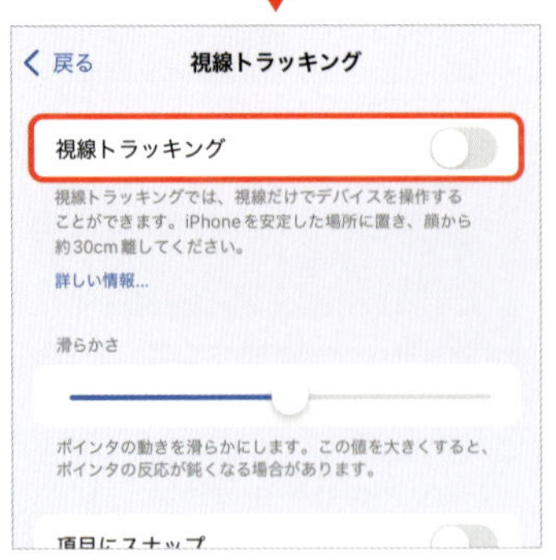

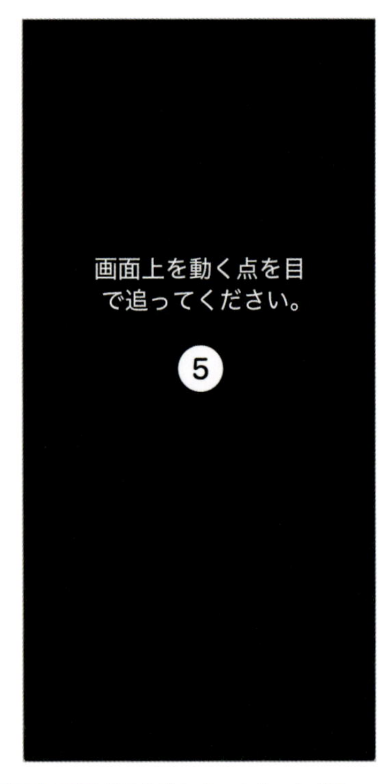

1 「設定」アプリの「アクセシビリティ」➡「視線トラッキング」をタップします。次の画面で「視線トラッキング」の右側のスイッチをタップしてオンにします

2 画面が切り替わり、カウントダウンのあとに現れるカラフルな[●]を目で追って視線の動きを調整します。明るい場所で、iPhoneを顔から50cm程度離して操作します

視線を合わせ、それを目的の場所まで動かします。コツは、iPhoneと顔の位置をできるだけ固定して同じ位置で見つめること。慣れが必要なので、すぐに使いこなせる機能ではないですが、未来のスマホを感じられますよ。

MEMO

タップしたい場所を注視し続ける

アイコンなど特定の場所をタップするには、目的の場所が選択された状態でそのまま注視し続けます（滞留）。滞留やホーム画面に戻るためのホットコーナーの設定は、「設定」アプリの「アクセシビリティ」➡「タッチ」➡「AssistiveTouch」の「滞留コントロール」「ホットコーナー」でそれぞれ行います。

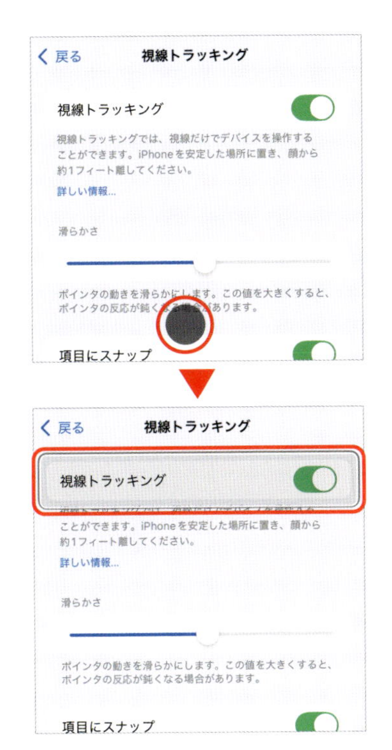

3 調整完了後、画面上に表示される半透明の●がポインターとなります。注視して視線を動かし、「視線トラッキング」の部分が選択されたら注視を続けるとタップできます

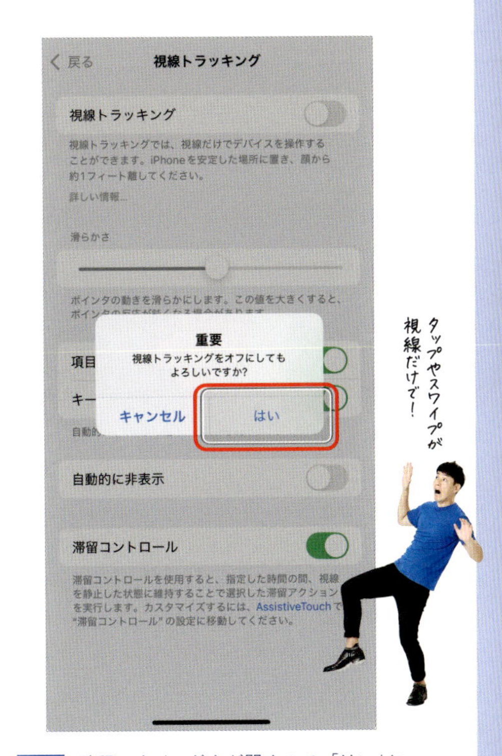

4 確認のウインドウが開くので、「はい」に視線を移動して注視します。うまくいかないときは、画面の左上隅（ホットコーナー）を注視し続けると再調整が始まります

015 電話をしている最中に通話を録音する方法

「電話」アプリに録音機能が追加されました。大事なやり取りなど、あとで通話内容を確認したい場面では便利です。録音を開始する際、相手に「この通話は録音されます」とアナウンスされるので、コッソリ使うことはできません。逆に、悪質な電話への対策としてこの機能を使い、牽制するといった用途も考えられます。録音データは「メモ」アプリに保存されます。将来的には、Apple Intelligenceによる文字起こしや要約にも対応予定です。

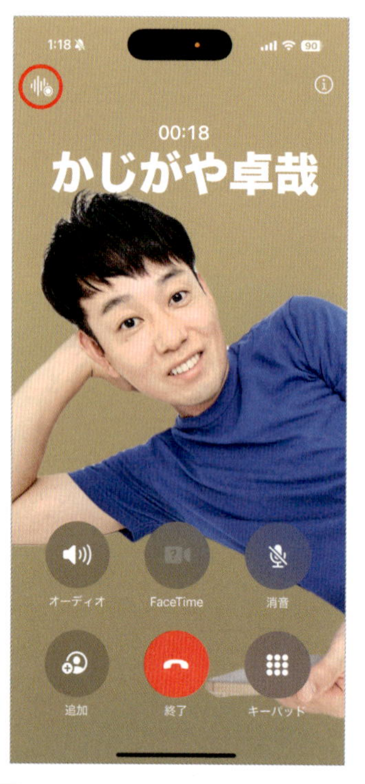

1 通話中に画面左上の録音ボタンをタップします。カウントダウンのあと、「この通話は録音されます」というアナウンスがあり、相手にも伝わります

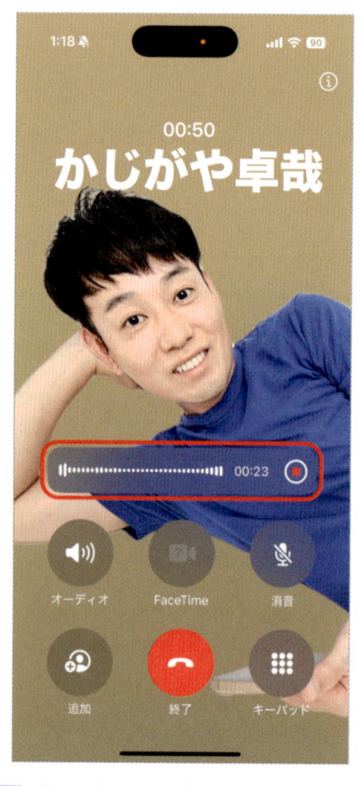

2 録音が始まり、波形が現れます。右側の停止ボタンで中止できます。波形をタップすると「メモ」アプリに切り替わり、録音しながらメモを取ることもできます

016 留守電のメッセージは聞くのではなく“読む”時代

iOS 18では、「ライブ留守番電話」と留守番電話の文字起こしに対応しました。ライブ留守番電話をオンにしておけば、相手がメッセージを残しているときに、リアルタイムで文字に書き起こしてくれます。内容を確認しつつ、途中で電話に出ることもできます。また、留守番電話の一覧から該当のメッセージをタップすると、内容が文字で表示されます。なお、この機能はキャリアの留守番電話サービスとは別のiPhone独自のものです。

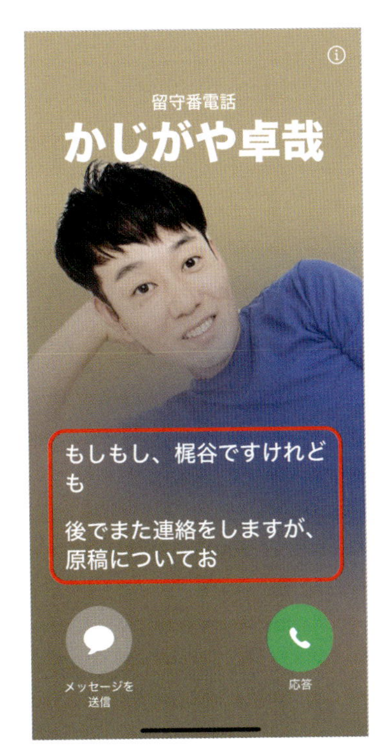

1 かかってきた電話が留守電に切り替わると、リアルタイムでメッセージが表示されていきます。「設定」アプリの「アプリ」➡「電話」➡「ライブ留守番電話」でオン／オフを切り替えます

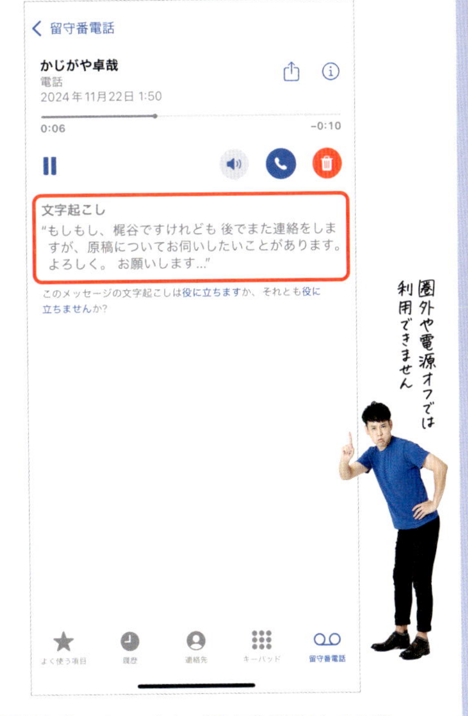

2 「電話」アプリの「留守番電話」にある留守番電話の一覧からメッセージを選ぶと、再生画面の下に「文字起こし」が表示されます。音を出せない環境でも内容を確認できます

017 電話番号の一部を入力すればかけたい相手を提案してくれる

iOS 18では、地味ながらも便利な機能が「電話」アプリに追加されました。キーパッドで電話番号の一部を入力すると、「連絡先」アプリに登録されている人の中から候補者を提案してくれるんです。番号をキーパッドで入力していくと、同じ並びの番号を含む人が候補として表示されます。候補が多い場合は、第一候補と「その他○件」といったかたちで表示されます。電話番号の一部を覚えていれば、連絡帳で検索するよりスムーズですね。

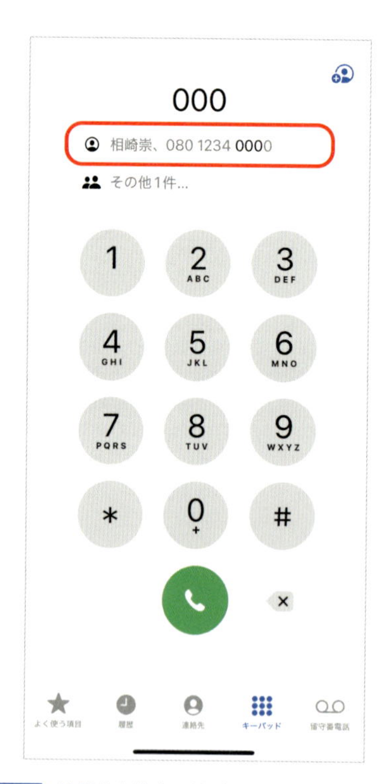

1 特徴的な数字の並びなど、覚えている電話番号の一部をキーパッドで入力します。すると、第一候補と、ほかの連絡先の件数が「その他○件」と表示されます。名前をタップします

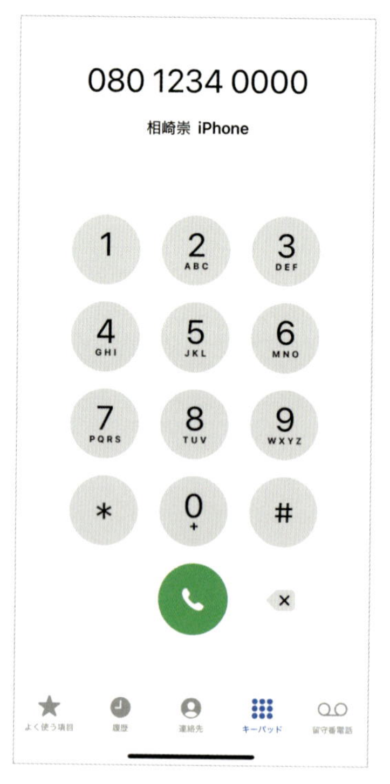

2 候補者名の電話番号がすべて入力された状態になります。なお、本稿執筆時点では「080」や「090」などの登録が多い数列だと、候補がうまく絞れない状況が発生しました

018 大切なメッセージは予約した時間に自動送信

大事なメッセージを忘れずに送りたいんだけど、夜中の送信は気が引ける。こんな場面で便利なのが、「メッセージ」アプリの予約送信です。予約は最長で14日後の同時刻まで設定可能で、送信前であれば設定の変更やキャンセルもできます。特筆すべきは、予約時間にiPhoneが電源オフや圏外でもアップルのサーバーから送信されること。メッセージを送りたいタイミングで旅行に出かけて送信できないといったときにも、役立ちます。

1 メッセージの予約送信を行うには、「メッセージ」アプリのテキスト入力フィールドの左にある[+]をタップして、現れるメニューから「あとで送信」を選びます

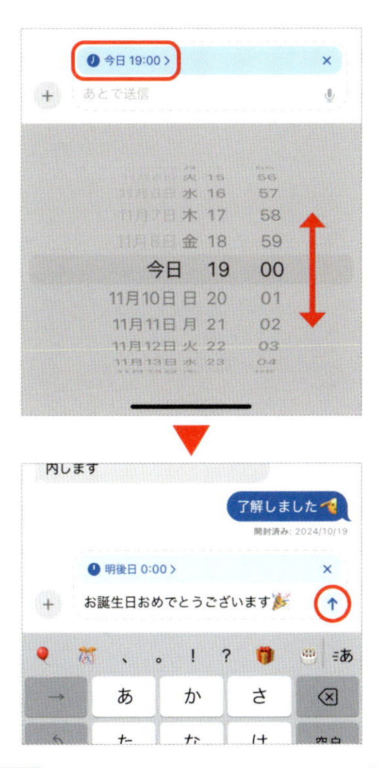

2 入力フィールドの上部の日時をタップして送信時間を指定したら、メッセージを入力して送信します。送信時間になるまでメッセージは点線で表示されます

019 全絵文字&スタイルに対応！メッセージの表現力が進化

「メッセージ」アプリはこの１年で大きく進化し、表現力がさらに豊かになりました。まず、メッセージに対するリアクションが強化され、「ハート」や「いいね」だけでなく、すべての絵文字が使えるようになりました。感動したときは泣き顔、驚いたときはびっくりマークの絵文字で返すといった具合に、状況に合わせた表現が細かく行えます。また、テキストのスタイルを指定できるようになり、太字やアンダーラインで強調して特定の言葉を引

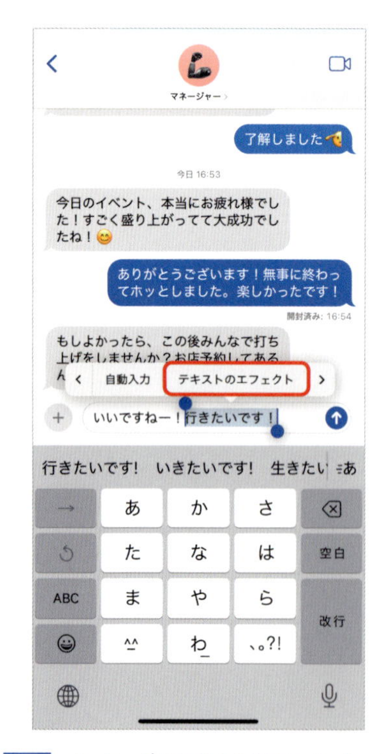

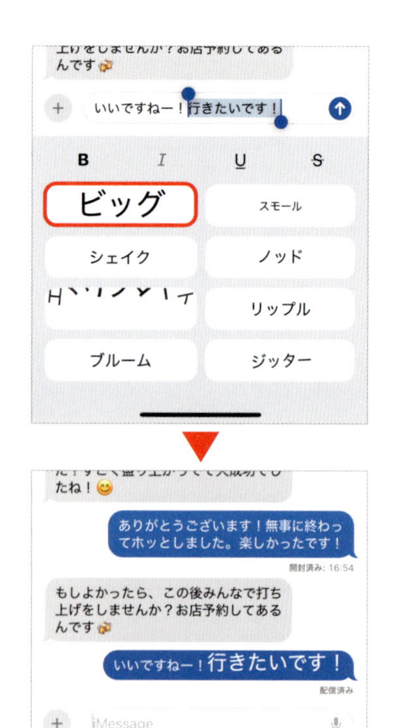

1 メッセージにスタイルやアニメーションエフェクトを設定します。入力したテキストのエフェクトを付けたい部分を選択し、メニューから「テキストのエフェクト」をタップ

2 メニューで動きを確認してタップします。送信先にメッセージが届き、エフェクトが再生されます。なお、下線などのスタイルを付けると、エフェクトは適用できなくなります

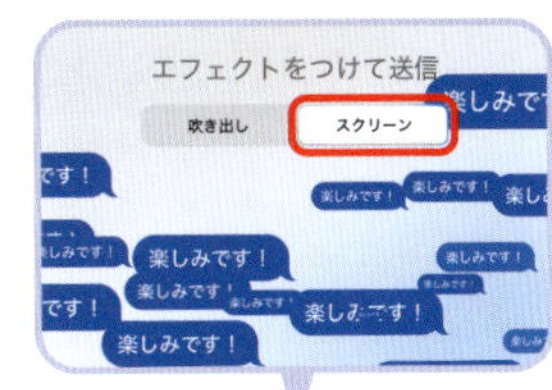

き立たせることが可能となりました。さらに、テキスト自体にアニメーションエフェクトを追加できるので、メッセージを受け取った相手を笑顔にしたり驚かせたりする、遊び心いっぱいの演出が楽しめます。

MEMO

画面全体を埋めてしまう「スクリーンエフェクト」

「スクリーンエフェクト」は画面全体に風船や花火などのアニメーションを表示する機能です。テキストを入力後「↑」を長押しして上部の「スクリーン」タブを選択で実行できます。インパクトのある画面になりますよ。

3 届いたメッセージにリアクションを付けます。受信したメッセージを長押しし、吹き出しの下の顔文字アイコンをタップ。絵文字のメニューから付けたい絵文字を選びます

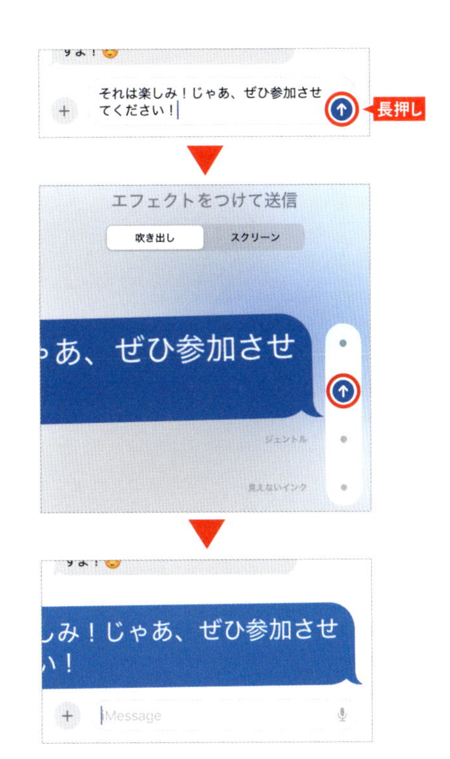

4 「吹き出しエフェクト」は、テキストを吹き出しごと演出するエフェクト。テキストを入力して送信ボタンを長押しし、出てくるメニューにある4種類のエフェクトから選びます

020 Webページの邪魔な部分を消しゴムで消そう

Safariに、バナー広告やSNSシェアボタン、オススメのリンクといった“目障りな要素”をサクッと非表示にできる、その名も「気をそらすものコントロール」機能が追加されました。一度非表示にしたものはiPhoneが覚えてくれるので、次回からは自動でスッキリ表示に。よく見るWebページを自分好みの表示にしておけば、いつでも快適に閲覧できて便利ですよ。ちなみにボクは、スポーツニュースサイトをよく見るんですが、試合結果がペー

1 Webページの非表示にしたい項目が見えるようにした状態で、スマート検索フィールドの左端にあるアイコンをタップ。画面下部の「気をそらす項目を非表示」をタップします

2 ページ内の項目を選択すると「非表示」と表示されます。アイコンやタイトルなど、項目ごとに選択できますが、ここではボクの写真を選んでみます。「非表示」をタップします

ジのトップにでてきて「うわ！ まだ結果を知りたくなかったのに……」と残念な気持ちになることが多かったんです。でも、この機能でネタバレ要素を隠せるようになったので、余計なストレスがなくなりました！

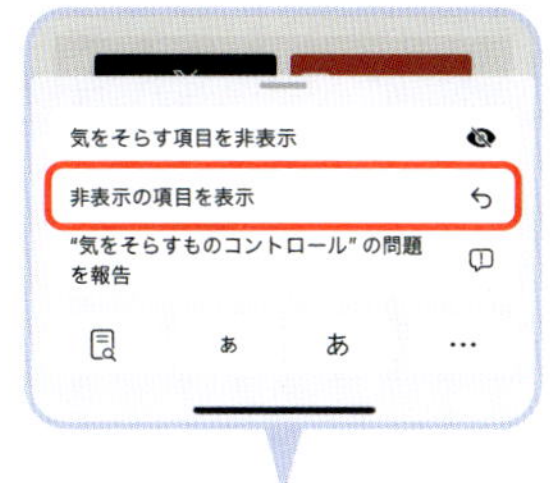

MEMO

非表示にした要素を元に戻す

非表示にした要素を元に戻すには、スマート検索フィールドの左端アイコンをタップして、「非表示の項目を表示」を選択します。複数要素を非表示にした場合は確認ダイアログで「表示」をタップしましょう。

3 選択されていた項目が、フワッと風に飛ばされるようなエフェクトと共に消えます。続けてほかの項目を選択することもできます。最後にページ下部の「完了」をタップします

4 一度非表示に設定した項目は記憶されるので、再度アクセスしても写真は表示されません。頻繁に見るWebページを自分好みに設定しておけば、快適に閲覧できます

021 計算履歴がひと目でわかる メモと統合された「計算機」

「計算機」アプリに多くの便利機能が追加されました。まず、計算過程がリアルタイムで表示されるので、入力ミスを発見しやすくなりました。間違っても、バックスペースキーで1ケタだけ消したり、長押しで計算式をまとめて消去したりできます。また、過去の計算履歴を確認可能になりました。「さっきの計算結果は何だっけ？」という場合でも計算し直す手間が省けます。さらに、単位の変換にも対応し、為替レートはもちろん、長さや体積、

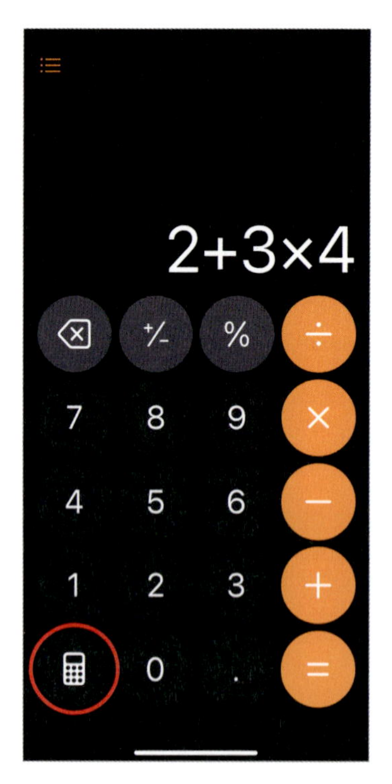

計算式がリアルタイムで表示されます。計算結果だけを表示するより入力ミスに気付きやすいので、作業効率が向上します。基本／科学計算／計算メモの切替は左下のアイコンで行います

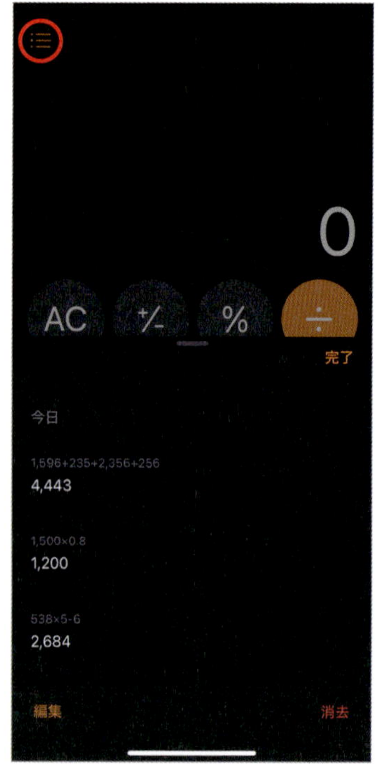

左上のメニューで、過去の履歴が表示されます。履歴をタップすると、その計算に切り替わります。長押しして「式をコピー」または「結果をコピー」して、ほかのアプリにペーストできます

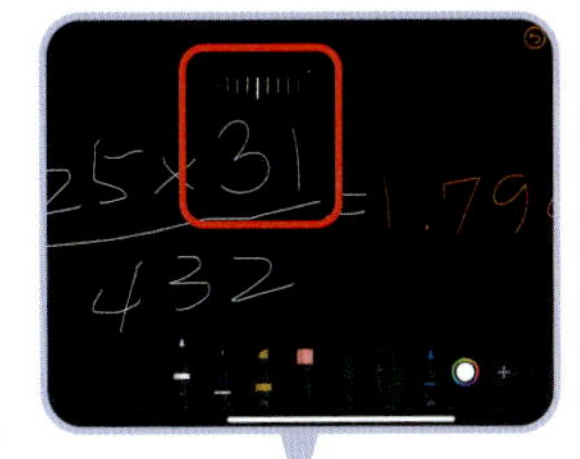

燃費まで楽に計算できます。特に新搭載の「計算メモ」機能は要注目！「メモ」アプリと連携して、手書きで計算式を書いて「＝」と記入すると数式を認識して、手書き文字で計算結果を表示してくれるんです。

MEMO

手書き文字の数字も生きている！

計算メモで書いた手書きの式は、計算機が認識すると数字として扱えます。計算式内の数字をタップするとスライダーが表示され、左右に動かすことで数値を変更可能で、リアルタイムで計算結果も変化します。

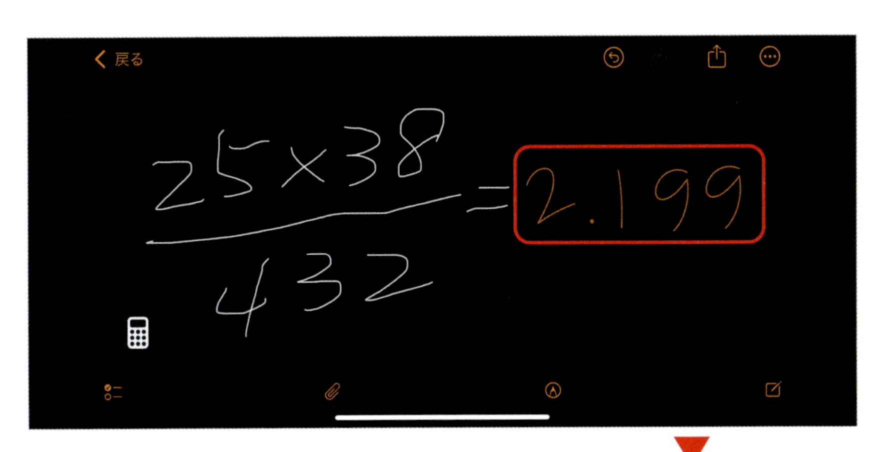

計算機が生まれ変わった！

計算メモに切り替えると、「メモ」アプリの画面のようになり、新規メモ➡「鉛筆」アイコンで、手書き計算ができます。計算式を記入して「＝」と書くと、自動的に答えが表示されます。この状態で計算結果をタップすると、計算式や、結果をコピーすることも可能です。なお、計算メモは「メモ」アプリにも保存されます

022 メモに音声録音が追加され文字起こしも登場予定

どんどん多機能になっている「メモ」アプリに、音声録音機能が追加されました。ボイスメモとして録音され、内容はメモ上で再生できるだけでなく、音声ファイルとして共有可能です。形式としては通話の録音と同じです（P.42参照）。Apple Intelligenceに対応した英語版では、録音内容を自動で文字起こしして検索や編集、ほかのアプリへのコピーが行えます。今後、日本語に対応すれば、文字起こしの日本語対応も期待できますね。

1 クリップのアイコンをタップして「オーディオを録音」を選ぶと、録音画面に切り替わります。「録音」ボタンを押すと録音がスタートします。「停止」➡「完了」で保存されます

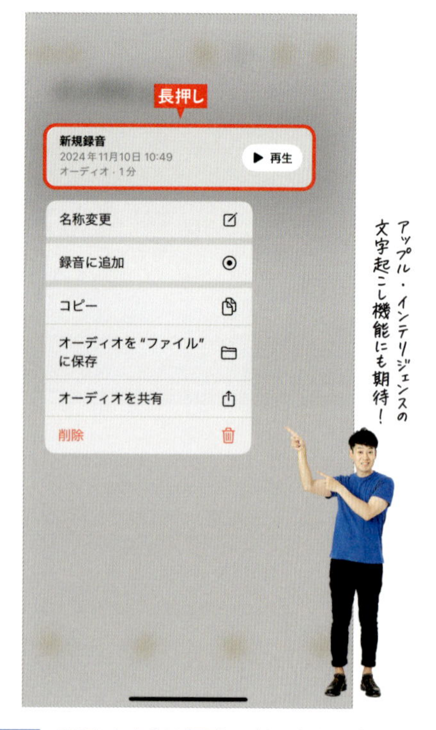

2 録音した音声は「再生」ボタンをタップするとメモ上で再生できます。長押しすると、音声ファイルとして「ファイル」アプリに保存したり、ほかの人に共有したりできます

023 カレンダー×リマインダーで予定とタスクの一元管理

これまで「カレンダー」と「リマインダー」はそれぞれのアプリで管理されていたため、予定を見落としたりといった不便さがありました。iOS 18では両アプリの連携が強化され、予定とタスクを一元管理できるようになりました。日時設定のあるリマインダーをカレンダーから作成や確認、実行済みのチェックができるほか、カレンダーウィジェットにもリマインダーのタスクが表示されるようになっています。見落としのリスクが大幅に減りますね!

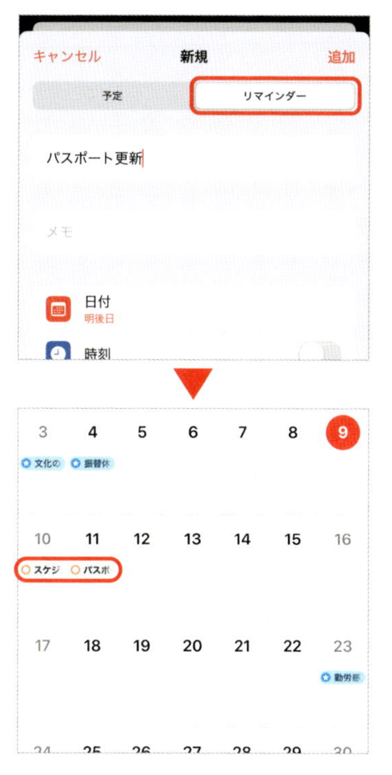

1 「カレンダー」上で長押しして新規予定を開き、上部の「リマインダー」タブをタップすると、直接リマインダーの作成ができます。「リマインダー」アプリにも登録されます

2 日時の設定のあるリマインダーを作成すると、「カレンダー」ウィジェットにもリストが表示されます。ホーム画面配置しておけば、両方を同時に確認できて便利です

024 ゲームに集中できる「ゲームモード」のオンとオフ

iOS 18には、ゲームプレー中にゲーム自体のパフォーマンスを高めるための新機能「ゲームモード」が搭載されました。ゲームを起動すると、バックグラウンドでの不要な処理が抑えられて動作がスムーズになるほか、ワイヤレスのゲームコントローラーやAirPodsの応答性も向上します。バックグラウンドの処理を優先したい場合などは、ゲーム起動時に表示される通知をタップするか、コントロールセンターでオフにすることもできます。

ゲームを起動すると自動的に「ゲームモード」がオンになり、動作や音声が滑らかになります。なお、このモードではiPhone 16シリーズの「カメラコントロール」が動作しません

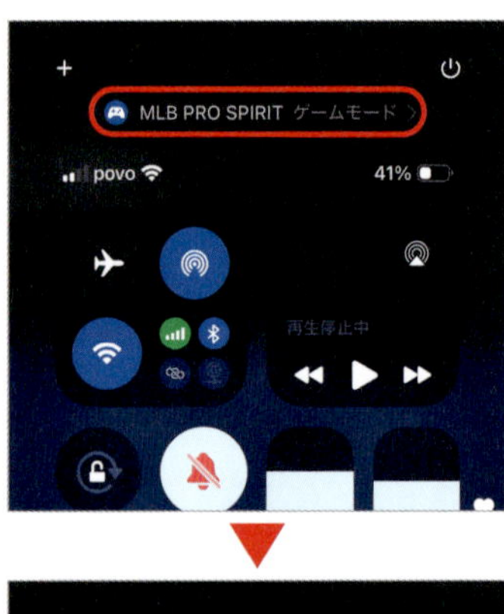

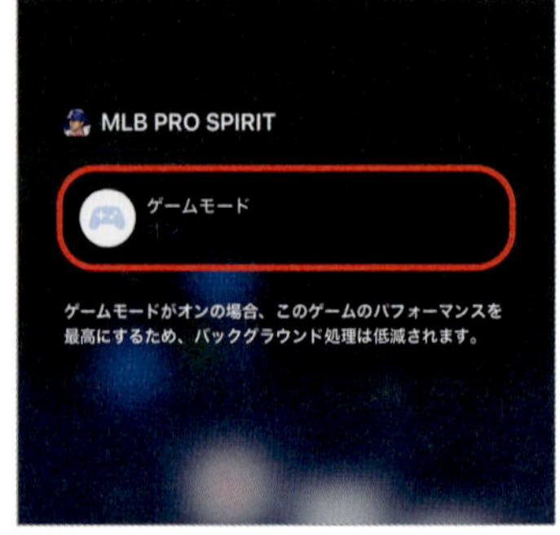

バックグラウンドの処理を優先したい場合などはオフにしましょう。ゲームモードオンの通知、またはコントロールセンター上部に表示される「ゲームモード>」をタップしてオフにします

025 「ミュージックの触覚」で音楽を聴くから"感じる"へ

iPhoneは身体に障がいがある人に向けたアクセシビリティ機能が充実しています。新たに追加された「ミュージックの触覚」機能は、すべての人が音楽を身体で感じることができる新機能です。「ミュージック」アプリなどの対応アプリで触覚に対応した曲を再生すると、リズムに合わせてiPhoneが振動し、振動機能付きのゲームコントローラーのような臨場感を味わえます。この機能をオンにして、新しいスタイルの音楽を実感してみましょう！

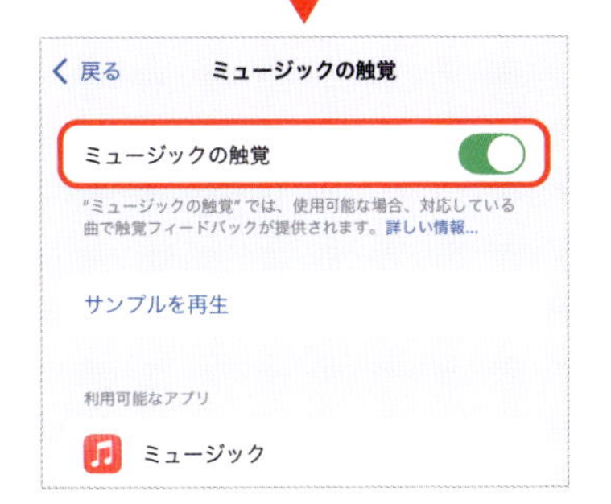

「設定」アプリ➡「アクセシビリティ」➡「ミュージックの触覚」で「ミュージックの触覚」をオンにすれば準備完了です。その下にはインストールされている対応アプリが表示されます

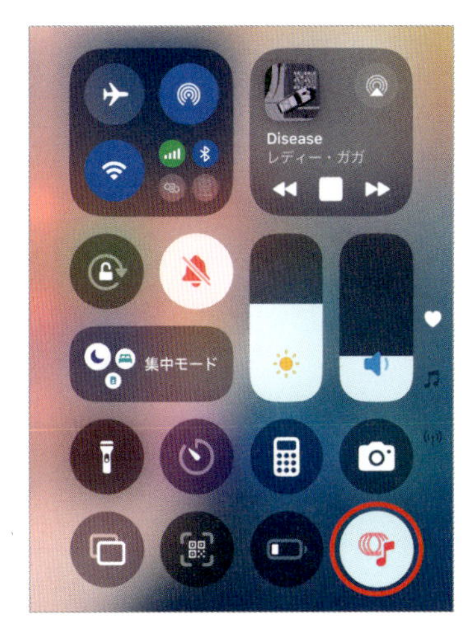

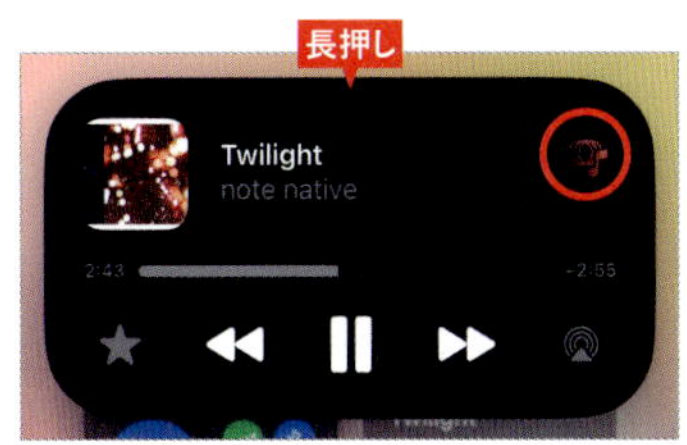

ミュージックの触覚のオンは、コントロールセンターに登録しておけば便利です。一時停止は、再生中にダイナミックアイランドを長押しして開く情報ウィンドウのアイコンでも可能です

026 声だけでiPhoneを操作できる「ボーカルショートカット」

「ボーカルショートカット」は、iPhoneに話しかけるだけでさまざまな操作を実行できるiOS 18の新機能です。例えば、「コントロールセンター」と言うだけでコントロールセンターを開いたり、「カメラオン」と言ってカメラを起動したあと「ハイチーズ」と言ってシャッターを切るといったことができます。「Hey Siri」といった呼びかけも不要です。

この機能のメリットは、使いたい機能やアプリに対して自分が覚えやすい

1 まず、「設定」アプリ➡「アクセシビリティ」➡「ボーカルショートカット」で「ボーカルショートカットを設定」をタップして、「続ける」をタップします

2 声で実行させたいアクションを選びます。ここでは「カメラ」を選び、次の画面で実行するためのフレーズをテキストで入力します。自分が言いやすいものでOKです

フレーズを自由に登録できる点です。「何て言えばいいんだっけ？」と迷うことがなく、直感的に使えるわけです。料理中など、手がふさがっていても言葉で操作できるのは本当に便利なので、ぜひ使ってみましょう。

MEMO

オレンジ色の「点」に注目!

「ボーカルショートカット」がオンの状態では、iPhoneの画面上部にマイク使用中を示すオレンジ色の点が表示されます。この状態だと余計なバッテリーを消費する可能性があるので、必要に応じてオフにしておくといいでしょう。

3 指定したフレーズを3回言ってiPhoneに認識させたら設定完了。続けて別のアクションを追加できます。カメラのシャッターを押すために「音量を上げる」を追加しました

ロック画面でも声で操作できますよ

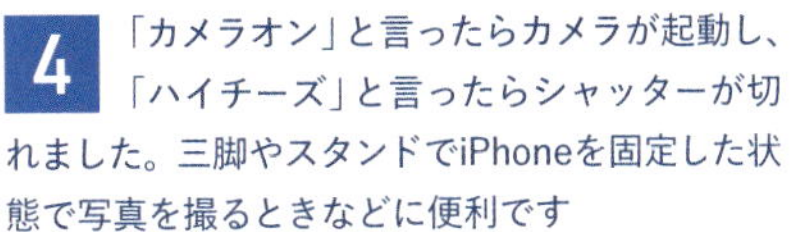

4 「カメラオン」と言ったらカメラが起動し、「ハイチーズ」と言ったらシャッターが切れました。三脚やスタンドでiPhoneを固定した状態で写真を撮るときなどに便利です

Apple Intelligenceで iPhoneはこう変わる!①

アップル製のAI機能「Apple Intelligence」が、ついにiPhoneに搭載されました！ といっても、日本語への対応は2025年中となっており、現状で体験できるのは「写真」アプリの「クリーンアップ」くらいで（P.32参照）、これはまだほんの一部です。では今後、Apple Intelligenceが日本語に対応すれば、どんなことが起きるのでしょうか？ ただ便利になるだけというよりも、これまでユーザーがツールとして使ってきたiPhoneが、自らのツールを組み合わせて効率よく作業をしてくれるようなイメージではないかと思います。

例えば、同じ内容のメールを取引先と知り合いに送りたいとき、わざわざ2つの文面を作らなくてもいいんです。どちらか一方の文章を作成するだけでiPhoneが自動的にもう一方に向けた文章に変換して作成してくれます。また、メールのやり取りの内容などを（プライバシーに配慮したかたちで）iPhone側が把握しており、「新宿で13時から田中さんと打ち合わせがあるが、集合時間に間に合わないとメールを送る？」と提案してくれるなど、まるで有能な秘書のように立ち回ってくれます。ほかにも、iPhone 16シリーズでは、カメラコントロールに搭載されたVisual Intelligenceのおかげで、街を歩いている途中で見つけたお店を撮影すると、店のメニューや口コミが表示されるようになります。

このように、iPhoneが先回りして仕事や生活をフォローしてくれるような未来が、すぐそこまで来ています。

Apple Intelligenceはアップル製品で連携してくれます！

これでデータ移行も失敗なし！ iPhone機種変更テクニック

027

新旧iPhoneが手元にあるなら超簡単データ移行！

機種変更時の最初にして最大の難関、それはデータ移行。なるべく簡単に済ませたいですよね。データ移行にはいくつか方法がありますが、これまで使っていたiPhoneが手元にあるなら、新iPhoneに旧iPhoneをかざすだけの「クイックスタート」を使わない手はありません。

とはいえ、何らかのトラブルが起きる可能性は0ではないので、バックアップも忘れずに取っておきましょう（P.62、66参照）。

1 新しいiPhoneを起動して、言語や地域を選択するとクイックスタートの画面になります。ここで新iPhoneはいったん置いて、これまで使用していた旧iPhoneを用意します

2 置いておいた新iPhoneに旧iPhoneを近づけると、「新しいiPhoneを設定」と表示されるので、Apple Accountを確認して「続ける」をタップします

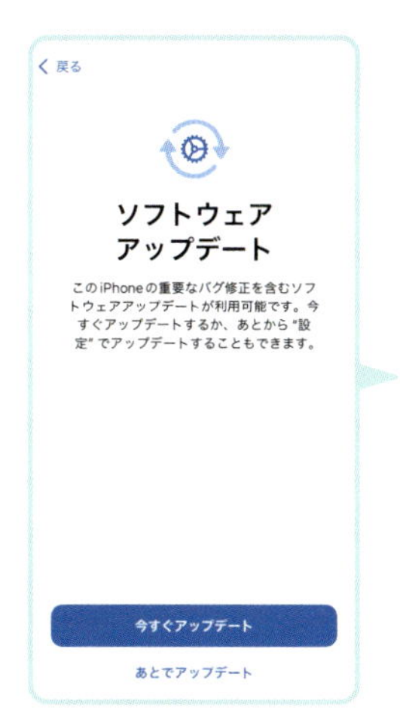

MEMO

新iPhoneのOSのほうが古い場合はアップデート

iOSは、特に新機種が出た直後、頻繁にアップデートされます。そのため購入した新機種のほうが旧機種のOSよりも古い場合があります。クイックスタートの前にアップデートを促されたら、「今すぐアップデート」を実行しましょう。

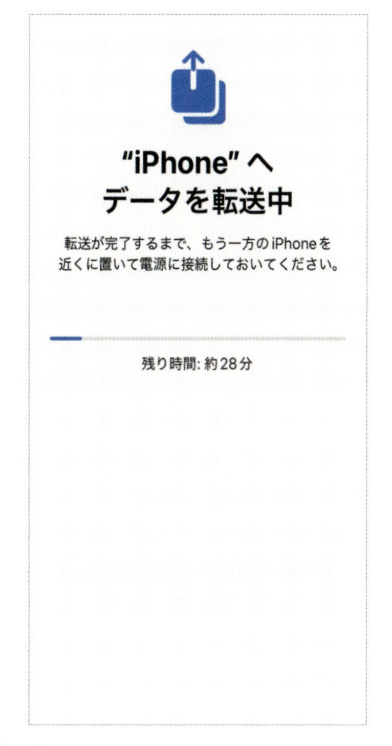

3 新iPhoneにモヤモヤしたパターンが表示されると、旧iPhoneの画面下半分がカメラに切り替わります。カメラの円の中にモヤモヤしたパターンが収まるように配置します

4 パスコードを入力後、各種設定へと進みます。Apple Accountを確認するとデータ転送が始まります。転送終了後、App Store経由でアプリがインストールされて完了です

028

備えあれば憂いなし！ iCloudでバックアップしよう

バックアップがあれば機種変更時のデータ移行はもちろん、iPhoneの不具合で初期化が必要になったときにも安心です。iPhoneを買ったら、最初に設定しておきましょう。パソコンを使う方法もありますが（P.66参照）、iCloudを使えばiPhone単体でのバックアップと復元が可能です。iCloudストレージの空き容量が足りていれば（P.104参照）、寝ている間に自動でバックアップすることも可能です。

なお、iCloudのバックアップで保存

Apple Account　iCloud+
iCloudに保存済み　すべて見る
写真 100個の項目
Drive 242.4MB
パスワード 8個の項目
メモ 834.7KB
メッセージ オフ
メール 31.5MB
iCloudバックアップ　オン
このiPhone
iCloud+の機能
プランを管理 50GB
ファミリー 共有を開始
プライベートリレー オフ
メールを非公開 1件のアドレス
カスタムメール 開始
高度なデータ保護　オフ

1 「設定」アプリ画面上部の名前➡「iCloud」の順にタップして「iCloud」画面を開き、「iCloudバックアップ」をタップします。バックアップ時は、Wi-Fi接続がオススメです

2 自動バックアップを有効にするには「このiPhoneをバックアップ」をオンにします。ここでは「今すぐバックアップを作成」をタップして最初のバックアップを作成しましょう

されるのは、アプリが保持するデータや設定、購入履歴などで、アプリ本体や、すでにiCloudに保存済みのデータは含まれません。これらのデータは復元の際にiCloudやApp Storeから直接ダウンロードされます。

MEMO

機種変時だけ無料で使えるiCloudストレージ!

新iPhone購入時に限り、転送用のiCloudストレージを一時的に利用できます。一時的なバックアップデータの保存期間は21日間。この期間を過ぎると削除されるので、注意しましょう。新端末が21日以内に届かない場合などは、「バックアップの期限を延長」も可能です。

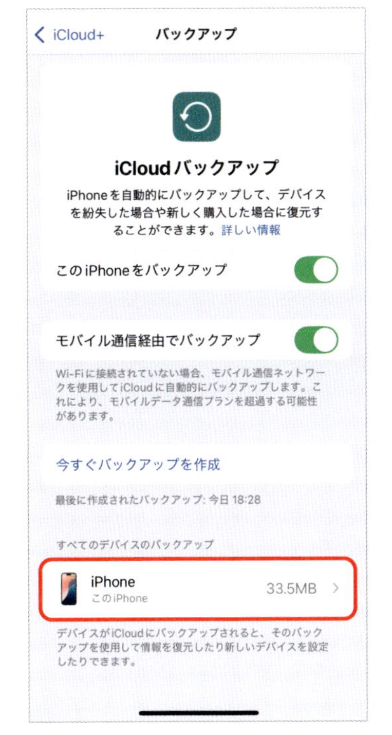

3 バックアップが作成されると、iCloud上にバックアップを作成したデバイスが表示されます。「このiPhone」をタップして、バックアップの内容を確認しましょう

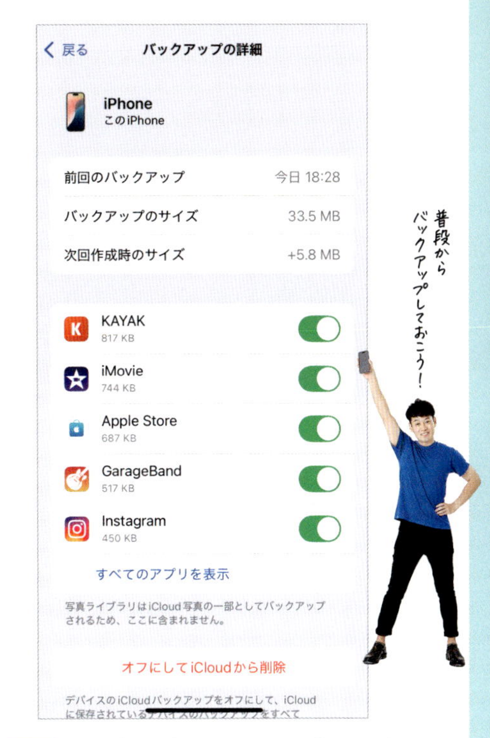

4 タップしたデバイス(ここでは「iPhone」)のバックアップ情報のほか、各アプリのデータのバックアップ状況や、バックアップのオン/オフも切り替え可能です

029 iPhone 1台で機種変更できる iCloudからのデータ復元

先に紹介した「クイックスタート」(P.60参照)は最も簡単なデータの移行方法ですが、新iPhone入手時に旧iPhoneをすでに手放していた場合、この方法は使えません。そこで、前のページで説明したiCloudに保存したバックアップの出番です。これで新iPhone 1台で旧iPhoneの内容をまとめて復元できちゃいます。

バックアップからの復元は、機種変更だけでなく、不具合などでリセットが必要になったiPhoneを元の状態に

1 新しいiPhoneまたはリセットしたiPhoneで、国や言語、Wi-Fiなどを設定したあと、クイックスタートの画面で「もう一方のデバイスなしで設定」をタップします

2 表示される手順に従ってiPhoneのアクティベートと初期設定を行い、「アプリとデータを転送」画面が表示されたら、「iCloudバックアップから」をタップします

戻すときにも使えるので、次のページのパソコンを使ったバックアップと併せて、いろいろな方法を覚えておくと安心です。旧機種を手放す際はもちろん、日頃から定期的にバックアップを取っておきましょう。

MEMO

iCloudのサインインは2ファクタ認証

Apple Accountを使ってデバイスやWebブラウザでサインインする場合、2ファクタ認証を行います。iCloudバックアップからの復元の際にも認証が必要なので、信頼できるデバイスを準備しておきましょう。

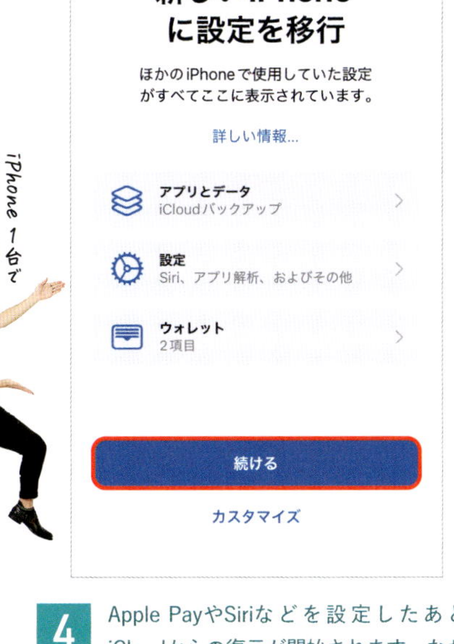

3 Apple Accountとパスワードを入力してバックアップを作成したiCloudにサインインすると、「バックアップを選択」画面が開くので、復元したい日時を選択します

4 Apple PayやSiriなどを設定したあと、iCloudからの復元が開始されます。なお、Apple PayやSiri、Face IDなどは、あとから設定することも可能です

030 大切なデータはパソコンでiPhone丸ごとバックアップ

クラウドでのバックアップは手軽で便利ですが、iCloudストレージの空き容量は気になる。そんな人には手元でしっかり管理できるパソコンでのバックアップがオススメです。iCloudに比べてストレージに余裕があり、Wi-Fiやモバイルデータによる通信が発生しないメリットもあります。

iPhoneと同じアップル製のMacなら、iPhoneを接続するとバックアップの作成や同期、復元がFinderから直接実行できます。また、Macでバック

1 ここではmacOS SequoiaをインストールしたMacでバックアップを作成します。まず、USB-CやLightningなどの対応ケーブルでiPhoneとMacを接続し、FinderウインドウのサイドバーでiPhoneを選択します

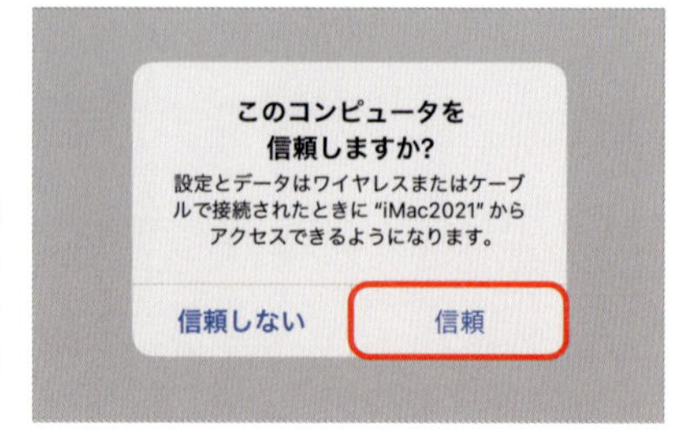

2 初めてiPhoneとMacを接続すると、双方の画面で互いのデバイスについて確認メッセージが表示されます。それぞれ「信頼」をクリック／タップします

アップを設定する際、Wi-Fiでの接続や自動同期をオンにしておけば、近くに置いておくだけで同期が可能になります。なお、WindowsやmacOS Catalina以前のMacでは「iTunes」というソフトを使って同期しましょう。

MEMO

iTunes for Windows

iTunesは、音楽や動画などのコンテンツ再生／購入／管理のほか、iPhoneとの同期を行うソフトです。Windows用の「iTunes for Windows」は、Appleの公式サイトまたはMicrosoft Storeからダウンロードできます。

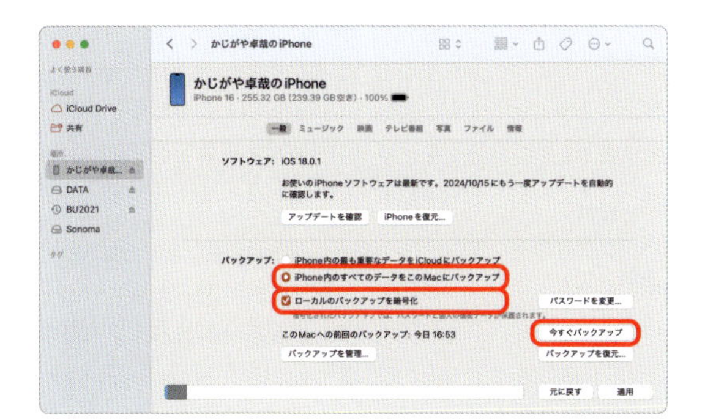

3 MacのFinderウインドウで「iPhone内のすべてのデータをこのMacにバックアップ」にチェックマークを付け、「今すぐバックアップ」をクリックします。「ローカルのバックアップを暗号化」を有効にした場合は、復元時のパスワードを設定します。このパスワードを忘れると復元できないので注意が必要です。なお、この画面下部の「Wi-Fiがオンに～」にチェックマークを付けると次回からWi-Fi接続で同期可能です

4 「今すぐバックアップ」をクリックしたあと、iPhone側に再度「このコンピュータを信頼しますか?」のメッセージが表示された場合は、iPhoneのログインパスコードを入力するとバックアップが開始します

031 パソコンでバックアップしたiPhoneを復元する

パソコンで作成したバックアップには、認証情報や再ダウンロードが可能なコンテンツなどの例外を除いて、iPhoneをほぼ丸ごと保存できるので、機種変更時はもちろん、何らかの事情でiPhoneをリセットしたときにも、パソコンに接続するだけで元の状態に戻せるメリットがあります。

前ページで作成したパソコンのバックアップを使ってiPhoneを復元してみましょう。復元時もiPhoneとパソコンをケーブルで接続して行います。

1 P.66の**1**と同様の方法でiPhoneをMacに接続し、Finderウインドウのサイドバーで iPhoneを選択します。信頼性を確認する画面が表示された場合は、MacとiPhone双方で［信頼］をクリック／タップします。なお、この画面が表示されなくても問題ありません。次の**2**の画面から操作します

2 新しいiPhoneやリセットしたiPhoneを接続すると、このような画面が表示されます。「このバックアップから復元」でバックアップ元を選択し、「続ける」をクリックします。復元データが出てこない場合は、iOSのバージョンが古い可能性があります。iPhoneが新品でもアップデートが必要なこともあるので注意しましょう

MEMO

バックアップの対象に含まれないもの

パソコンでバックアップした場合でも、次のものは対象に含まれないので注意しましょう。

- App StoreやiTunes Storeなどから入手したアプリやコンテンツ
- iTunesで同期したコンテンツ
- iCloudにすでに保存されているデータ(メールなど)
- Face IDやTouch IDの設定
- Apple Payの情報と設定内容

3 バックアップ作成時にデータの暗号化を有効にした場合は、設定したパスワードを入力してから、「復元」をクリックします。パスワードを間違えると復元できないので注意

4 復元中はケーブルを抜かずに待ちましょう。iPhone側に「復元しました」が表示されたら「続ける」をタップし、画面の指示に従って初期設定を行います。なお、アプリの設定やデータはバックアップから復元されますが、アプリ本体はApp Storeからダウンロードされるので、そのまま待機します。回線はWi-Fiがオススメです。このときケーブルは抜いても構いません

 032 格安SIMを利用する際には APN構成プロファイルを忘れずに

大手キャリア以外のMVNO事業者が発行する、いわゆる格安SIMを使っている場合、新規契約時はもちろん、前のiPhoneからSIMカードを差し替えて引き継ぐ際にも、「APN構成プロファイル」のインストールが必要になります。なお、大手キャリアで機種変更した場合は、この操作は不要です。

また、端末に内蔵されたチップを使って通信プランをアクティベートする「eSIM」に対応しているiPhone（iPhone XS、XS Max、XR以降）では、

1 ここでは物理SIMカード使用時のAPN構成プロファイルのインストール方法の一例を紹介します。まずはiPhoneの電源をオフにしてSIMカードを挿します。iPhoneを起動し、Wi-Fiに接続した状態で、契約しているMVNOのAPN構成プロファイルをダウンロードします

2 APN構成プロファイルをダウンロード後に「設定」アプリを起動して、名前の下に「ダウンロード済みのプロファイル」と表示されていればOKです。そこをタップしましょう

物理SIMの代わりにeSIMを選択することも可能です。

いずれの場合も、契約している通信事業者によって設定方法が異なるので、詳しくは各社のWebサイトなどで確認してください。

MEMO

eSIMの移行なら eSIMクイック転送が便利!

機種変更時のeSIMの引き継ぎは、iOS 16以降のiPhoneなら「eSIMクイック転送」が便利です。ただし、eSIMクイック転送に対応した事業者のeSIMが対象です。プロファイルの追加方法と併せて、契約している事業者のWebサイトなどで確認しましょう。

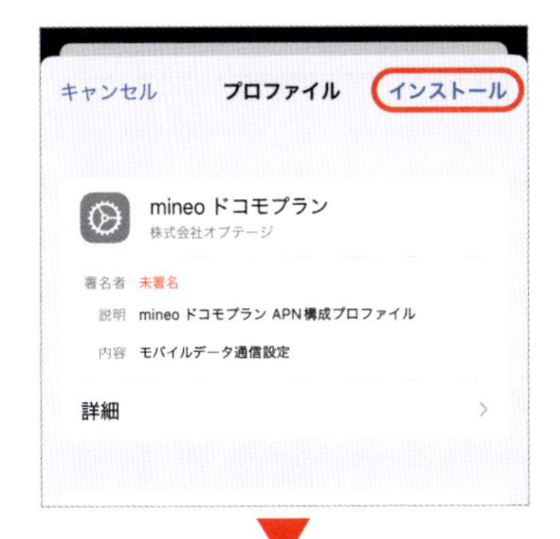

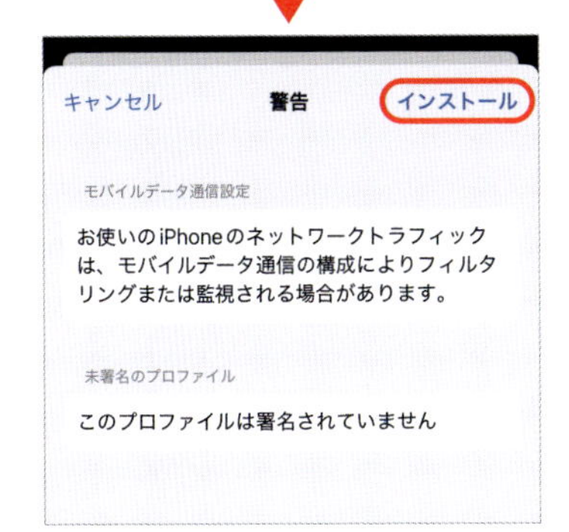

3 ダウンロードしたAPN構成プロファイルが表示されます。右上の「インストール」をタップして、警告の画面で再度「インストール」をタップするとインストールが始まります

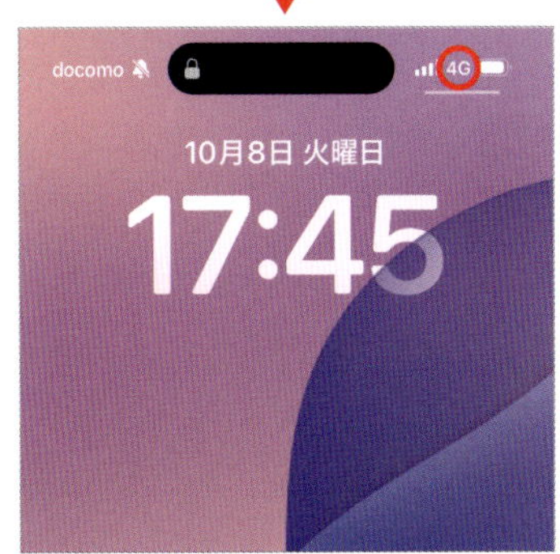

4 インストールが終わると、「インストール完了」の画面になるので、「完了」をタップします。Wi-Fiを一時的にオフにして、右上に「5G(または4G)」の表示があれば完了です

033 機種変更時のLINE移行はQRコードで超簡単！

普段のやり取りにLINEを使っている人にとって、機種変更時の引き継ぎは超重要！ 新旧のiPhoneがあれば、最も簡単に乗り換え可能な「QRコードでログイン」がオススメです。

なお、旧iPhoneが手元にない場合は、LINEアカウントに紐付けたApple Accountやメールアドレスでログインします。いずれの場合もメールアドレスやパスワードの登録、トークのバックアップなどの前準備をお忘れなく。

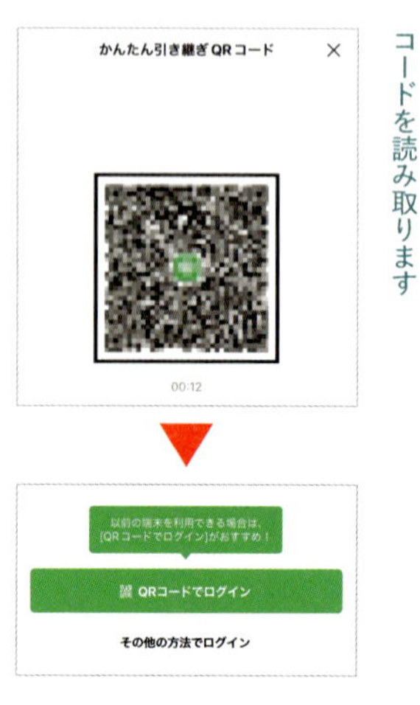

旧iPhoneの「LINE」アプリの「設定」➡「かんたん引き継ぎQRコード」でQRコードの画面を表示します。新iPhoneの「LINEへようこそ」画面の「ログイン」➡「QRコードでログイン」をタップして旧iPhoneのQRコードを読み取ります

034 復元後すぐに使いたいアプリは優先的にダウンロードしよう

ボクのように、検証用などを含めて数え切れないほどアプリをインストールしていると、iPhone復元後のアプリのダウンロードに気が遠くなるほど時間がかかります。しかも、インストール待ちのアプリは「待機中...」となり、なかなか使うことができません。すぐ使いたいアプリは、アイコンを長押しして表示されたメニューから「ダウンロードを優先」を選択すれば、優先的にダウンロードされますよ。

復元後、アプリは順不同で数個ずつダウンロードされますが、開いたメニューから「ダウンロードを優先」を選べば、優先的にダウンロードされます

035 Androidからの乗り換えはアップル純正アプリで解決!

Androidユーザーにiphoneを推したいけど、データの移行が大変そう……と思ってるアナタ! 実は、Androidにもアップル純正のデータ移行ツールが用意されています。

「iOSに移行」を使えば、連絡先や写真、メールアカウントにブックマークなど簡単かつ安全に移行できます。なお、移行作業はAndroidとiPhone両方のデバイスを電源とWi-Fi回線に接続した状態で行います。これで安心してiPhoneの世界に誘えますね。

1 Androidの「Playストア」から「iOSに移行」をインストールします。新しいiPhoneまたはリセット後の「こんにちは」が表示されているiPhoneを準備してから、Android側で「iOSに移行」アプリを起動します

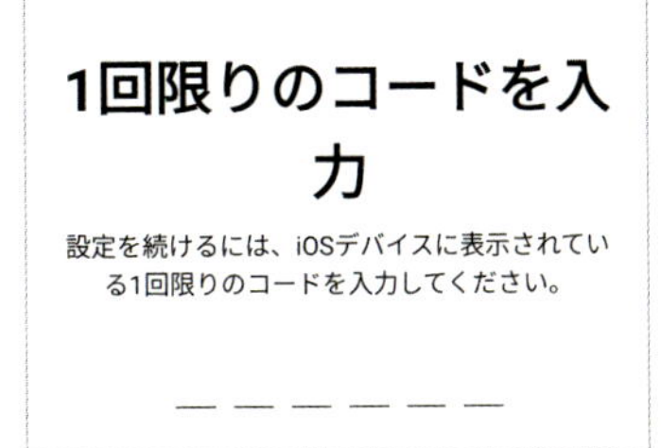

2 新iPhoneの初期設定で「アプリとデータ移行」まで進み(図上)、「Androidから」を選ぶと表示される6桁のコードをAndroid側に入力します(図下)。その後、転送したいデータを選択すると転送が始まります

Apple Intelligenceで iPhoneはこう変わる!②

アップルのAI機能「Apple Intelligence」の使い方を紹介します。ただし、本稿執筆時点ではベータ版で、言語設定を英語に切り替えるためiPhoneの表記がすべて英語になります。その点を理解した上で操作してください。

❶「設定」アプリの「Apple IntelligenceとSiri」➡言語で「英語(アメリカ合衆国)」をタップ➡[<]をタップ(戻る)➡[言語を変更]をタップ
❷「設定」アプリの「一般」➡「言語と地域」で「English」を一番上にドラッグして「続ける」をタップ(「English」が表示されない場合は「言語を追加...」で追加する)
❸「Settings」の「Apple Intelligence & Siri」で「Join the Apple Intelligence Waitlist」をタップ。「Join Waitlist」をタップしてアクティベーションを待つ(数分から数時間以上かかる場合がある)
❹「Apple Intelligence & Siri」の画面に表示される「Turn On Apple Intelligence」をタップ

Apple Intelligenceをオンにして設定が終わったら、まずサイドボタンを長押ししましょう。画面の縁に沿ってカラフルなエフェクトが動き始め、Apple Intelligenceの起動を確認できます。英語が得意な人は、Siriと会話をしてみてください。これまでとは違った手応えを感じるはずです。ほかにも「メモ」アプリなどで使える英文のリライトなど、Apple Intelligenceの動きは確認できます。日本語に対応するまでピンと来ない部分はありますが、雰囲気を体感するだけでもワクワクしますよ。

全部知っているかな？
iPhone基本のテクニック

036 「連絡先の写真とポスター」で iPhoneの名刺を作ろう

「連絡先」アプリ、きちんと使いこなしていますか？ メールや電話などでやり取りをしている相手を登録しておけば、さまざまなアプリと連携して便利に使えるので、普段から整理しておくことをオススメします。

また、相手だけでなく、自分の情報もリスト最上部にある「マイカード」に登録しておきましょう。ここでオススメしたいのが「連絡先の写真とポスター」の追加です。これはプロフィールのカードのようなもので、NameDrop

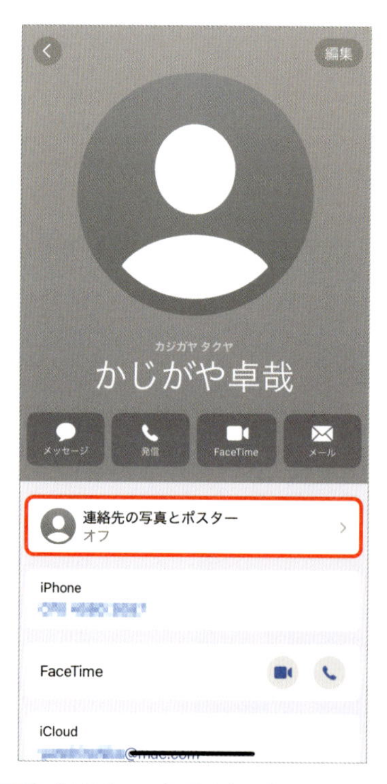

1 「連絡先」アプリ最上部の「マイカード」をタップして自分の情報を開き、「連絡先の写真とポスター」をタップします。写真には「Apple Account」に登録済みのものが配置されています

2 「名前と写真をアップデート」の画面で「続ける」または「編集」➡「新規作成」で、カスタマイズ画面が開き、背景素材を選びます。ここでは「写真」をタップします

などで連絡先を交換すると（P.116参照）、アドレスなどと共に相手の連絡先に登録されます。写真は、連絡先を交換した相手にメールやメッセージを送ったときアイコンとして、ポスターは電話をかけた際に相手のiPhoneの画面に表示され、誰からかかってきたのかすぐわかるようになります。

なお、連絡を取る相手はポスターを以前の状態に戻したり、カスタマイズすることもできるので、相手に気を使うことなく使用できます。

3 ポスターに配置したい写真を選んでタップします。すると、名前が入った状態で写真が配置されます。名前の色などは、写真に合わせて自動で選んでくれます

4 2本指でドラッグすると写真を移動、ピンチアウト／ピンチインで拡大／縮小ができます。名前の位置などに合わせてサイズを調整しましょう。左右のスワイプでフィルタを選べます

036 「連絡先の写真とポスター」でiPhoneの名刺を作ろう

MEMO 1

「ミー文字」は「メッセージ」アプリで作成

表情に合わせて変化する「ミー文字」を写真やポスターに使うこともできます。ミー文字の作成は「メッセージ」アプリで新規チャットを開き、左下の[+]➡「その他」➡「ミー文字」➡[+]で新規作成するか、「…」➡「編集」でカスタマイズします。

5 名前をタップすると、色や太さが調整できます。右下のカラーのアイコンは背景のカスタマイズで、フィルタの種類によって調整内容が変わります。最後に「完了」をタップします

6 ポスターのプレビューが表示されます。これは電話をかけた際に、相手のiPhoneにどんな風に表示されるかを示しています。問題なければ「続ける」をタップします

MEMO 2

日本語の名前は縦書きにも対応

カスタマイズ画面で名前をタップすると、フォントを調整できますが、ひらがな／カタカナ／漢字の名前の場合は、縦書きを選択できます。電話をかけると、相手のiPhoneに自分の名前が縦書きで表示されます。

MEMO 3

SNSのプロフィール感覚でポスターを変更

作成したポスターは複数保存することができます。「連絡先の写真とポスター」をタップしてサムネール下の「編集」をタップすると、ポスターの作成やカスタマイズ、ポスターの切り替えができます。

7 続いて「写真」を選択します。同じ写真が配置されますが、別の写真に変更可能です。「切り取り」をタップして配置を調整してフィルタを選択したら、「続ける」をタップします。

8 さまざまなパターンでのプレビューが表示され、仕上がりを確認できます。問題なければ「完了」をタップ。これで「連絡先の写真とポスター」が仕上がりました

037 機能充実のロック画面のカスタマイズ方法をマスター

ロック画面は、いつも目にする自分のiPhoneのアイデンティティー。特に、iPhone 14以降のProシリーズでは常時表示ディスプレイでいつも目に留まるので、こだわりたいところです。

iPhoneの壁紙やロック画面には、好きな画像や絵文字などの絵柄を配置することができます。カラーフィルタや写真の切り抜き機能、被写界深度表示などを利用すれば、普通のスナップ写真でもカッコよく仕上がります。

また、ウィジェットを配置できるほ

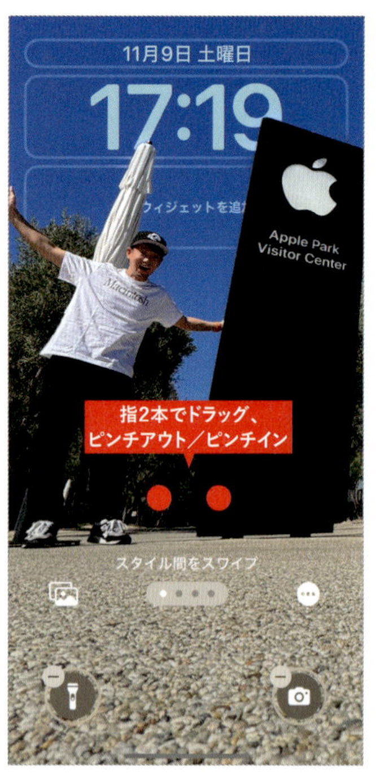

1 ロック画面を長押しするとロック画面の選択画面に切り替わるので、右下の[+]をタップすると「新しい壁紙の追加」が開きます。ここでは「写真」をタップします。「提案された写真」などのセットから選ぶこともできます

2 写真のライブラリが開くので、そこからロック画面に設定したい写真を選びます。写真は、指2本でドラッグすると位置の変更、ピンチアウト／インで拡大／縮小できます。時計などの文字は、写真に合わせて自動で選ばれます

か、以前は固定だった画面下部のフラッシュライトと「カメラ」アプリが、iOS 18から変更できるようになり、ロック画面の役目も増えました(P.20参照)。機能的で独創的なロック画面を作って、あなたのiPhoneを彩りましょう。

壁紙の削除はロック画面から

作成した壁紙の削除は、ロック画面を長押ししてカスタマイズ画面に切り替えて行います。対象の壁紙を上にスワイプすると赤いゴミ箱アイコンが表示されるのでタップし、「この壁紙を削除」をタップすれば削除できます。

3 左右にスワイプすると、フィルタの変更。上部の日付をタップすると表示する情報、時計の文字とカラー、「ウィジェットを追加」でウィジェットが選択できます。文字やフィルタ、色合いなどを調整後、「追加」をタップします

4 「壁紙を両方に設定」をタップすると、壁紙が変更されます。ホーム画面は別途カスタマイズすることも可能です。作成した壁紙は、ラインナップとして残り、選択できるようになります。あとでカスタマイズすることも可能です

038 増えすぎたホーム画面から不要ページを隠しましょう

アプリを次々にインストールしていると、いつの間にかホーム画面のページが増えすぎてしまいます。そうなると、お目当てのアプリを探すときにホーム画面を何度もスワイプすることになり、効率が悪くなります。以前はボクもそうでしたが、今は違います！

ホーム画面を最終ページまでめくると、ダウンロード済みのアプリが自動的に分類されて配置される「アプリライブラリ」が用意されていて、たまにしか使わないアプリを探すときなど

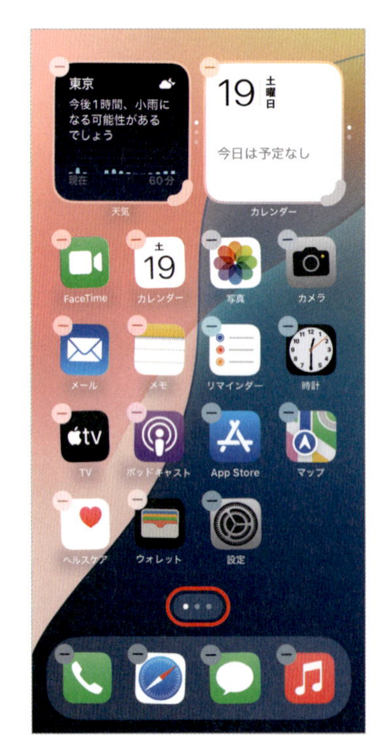

1 アプリを長押ししてメニューから「ホーム画面を編集」を選ぶか、ホーム画面の空いている部分を長押しします。アイコンが震え始めたら、Dockの上のドットをタップします

2 ホーム画面のサムネールが並んだ「ページを編集」画面に切り替わります。ホーム画面が9ページ以上ある場合は、上下にスワイプすると表示されます

に便利です。さらに、あまり出番のないページは非表示にしておけば、アプリライブラリにすぐにたどり着けるので、オススメです。出番の多いアプリを3ページ程度にまとめておけば、普段の操作も楽になります。

MEMO

ドラッグ&ドロップでページごと入れ替える

2の「ページを編集」の画面では、ページごと移動して順番を変更することも可能です。サムネールを長押しすればドラッグできるので、あとは配置したい場所にドロップするだけです。

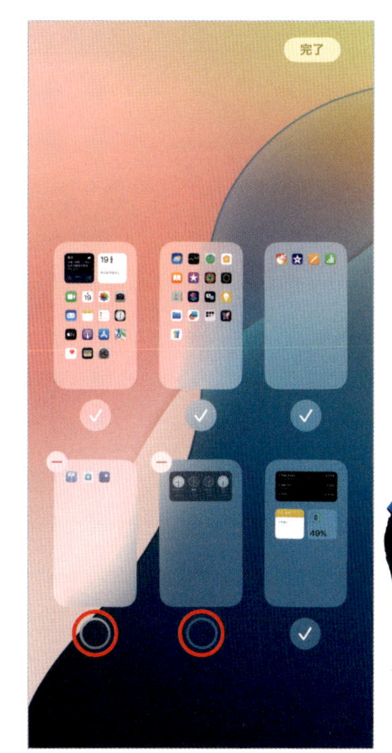

3 非表示にしたいページの下にあるチェックマークをタップしてチェックを外し、「完了」をタップします。元に戻したいときは、同じ画面を表示してチェックを付けます

4 ページを隠すのではなく削除したい場合は、チェックマークを外すとサムネール左上に現れる[ー]をタップします。確認メッセージを確認して「削除」をタップします

039 iPhone画面を録画しながら周囲の音も同時に収録

iPhoneの画面を録画できる「画面収録」では、アプリなどから出ている音は収録されますが、そのままでは周囲の音は録音されません。実は、画面を収録しながら、声や周辺の音も同時に録音することが可能なんです。

コントロールセンターに「画面収録」を追加し、アイコンをタップすると録画開始ですが、その際に長押しして「マイク」のアイコンをオンにすると、声も同時録音できます。ゲーム実況やiPhoneの操作説明の動画に便利です！

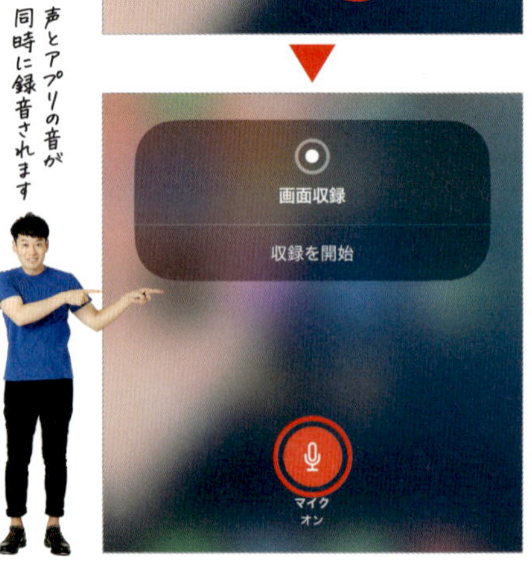

声とアプリの音が同時に録音されます

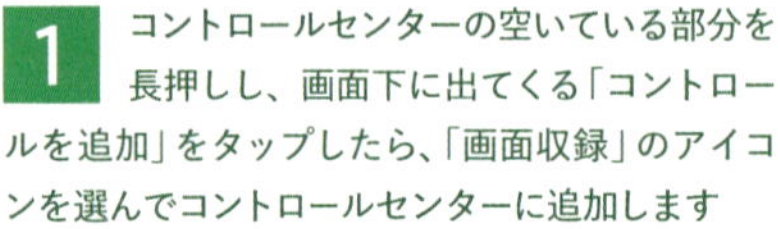

1 コントロールセンターの空いている部分を長押しし、画面下に出てくる「コントロールを追加」をタップしたら、「画面収録」のアイコンを選んでコントロールセンターに追加します

2 コントロールセンターで「画面収録」アイコンを長押し➡マイクボタンをタップで、音声録音がオンになります。［収録を開始］をタップすると3秒後に録画スタートです

040 電話中に「保留」にして保留音を流す方法

iPhoneでの電話中に一時的に相手を待たせる場合、「消音」ボタンをタップすれば、マイクがオフになります。でも、これは「保留」ではなく、相手側は無音で、相手の声はこちらに聞こえる状態です。この「消音」ボタンを3秒程度長押しすると、「保留」に切り替えることができます。保留中は「ただいま保留中です」という案内やメロディが流れて、お互いの声は聞こえません。ただし、この機能を利用するにはキャリアとの契約が必要です。

通話中に「消音」ボタンをタップすると「消音」モードに切り替わります。こちらのマイクがオフになり、相手の声は聞こえ、相手には何も聞こえていない状態になります

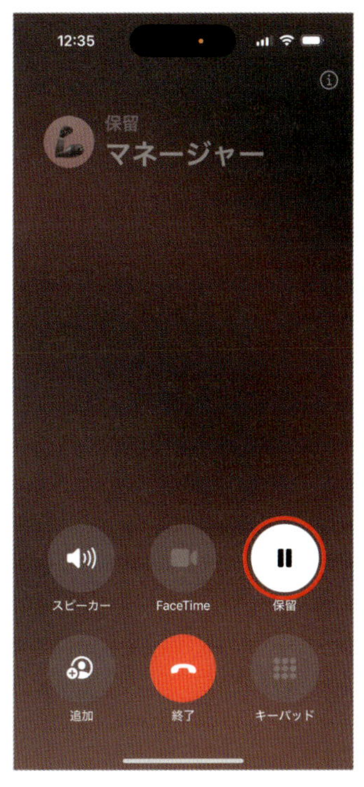

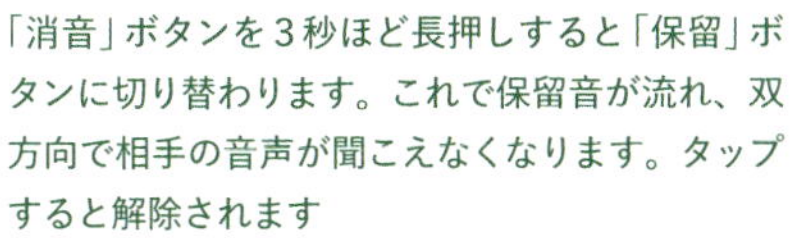

「消音」ボタンを3秒ほど長押しすると「保留」ボタンに切り替わります。これで保留音が流れ、双方向で相手の音声が聞こえなくなります。タップすると解除されます

041 ファイルを渡したい人に確実に「AirDrop」する方法

アップル製デバイス同士でファイルのやり取りができるAirDropは、ファイルを選んで共有アイコンをタップし、渡したい相手を選ぶだけで高速転送できる便利機能。でもiPhone同士であれば、端末上部を近づけるだけでもOK！ 周辺の人数が多くて転送先のアイコンがわからないときにも便利です。利用するには「設定」アプリの➡「一般」➡「AirDrop」で「連絡先のみ」か「すべての人」を選び、「デバイス同士を近づける」をオンにします。

1 写真を転送します。「写真」アプリで画像を選択したあと、通常のAirDropと同様に左下の共有アイコン➡「AirDrop」をタップして、そのままiPhone同士の上部を近づけます

2 受信側のiPhoneが振動して、画面にエフェクトが現れたあと、AirDropを受け入れるかどうかのウィンドウが開きます。「受け入れる」をタップで転送が始まります

042 「AirDrop」はその場を離れてもファイル転送ができるんです

「AirDrop」は、近くにあるアップル製デバイス同士でデータを高速に転送できる機能ですが、実は、転送中にその場を離れてもWi-Fiやモバイルデータ通信を使って転送を継続できます。ただし、Wi-Fiがない場所ではモバイルデータ通信を使用するため、大きいデータを転送すると通信費が発生してしまう点には注意が必要です。データ使用量が気になる場合は、モバイルデータ通信の使用をオフにしておくと安心ですね。

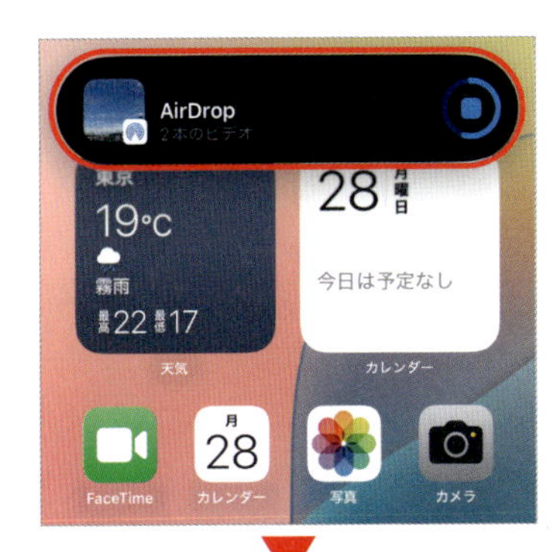

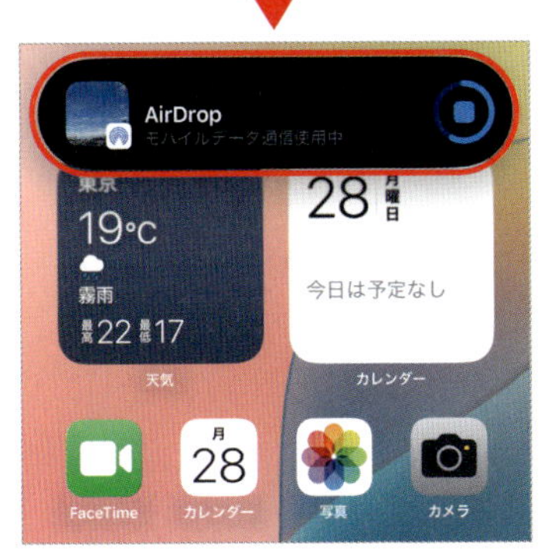

AirDropの転送中に、Bluetoothの通信範囲（約10m）を超えて移動すると、自動でWi-Fi通信に切り替わります。Wi-Fiに接続できない環境ではモバイルデータ通信を使います

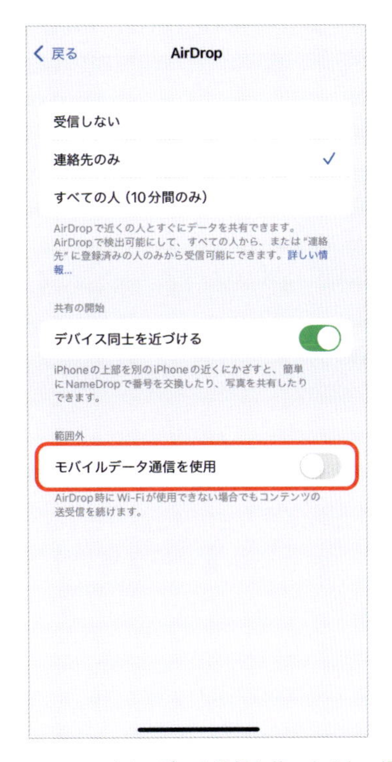

AirDropでモバイルデータ通信を使いたくない場合は、「設定」アプリの「一般」➡「AirDrop」で「モバイルデータ通信を使用」をオフにしておきましょう

043 片手でのキーボード入力がもっとしやすくなるワザ

iPhoneを片手で持ち、親指１本で文字入力をしている人は多いと思います。でも、指が届きにくい位置にあるキーは入力しづらいですよね。そこで、キーボードを左右どちらかに寄せておきましょう。入力する手のほうに寄せておくと、指が届きやすくなってキーをタップしやすくなります。なお、入力画面で変更するほかに、「設定」アプリの「一般」➡「キーボード」➡「片手用キーボード」で設定できます。

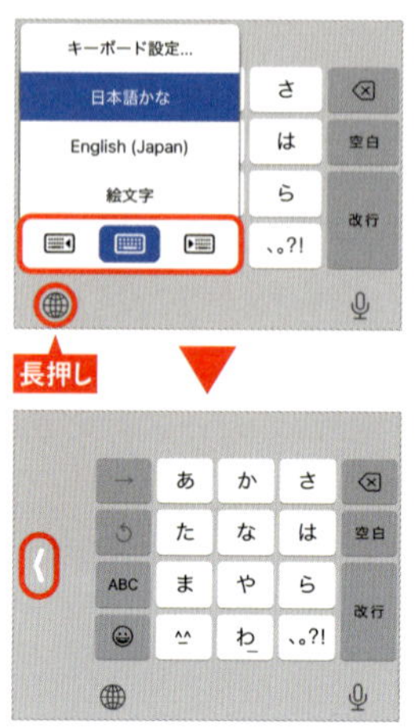

キーボードの地球儀アイコンを長押しして、メニューの右または左寄せのキーボードアイコンを選びます。元に戻したいときは、余白の矢印をタップすればOK

044 メッセージでやり取りした時間を確認する方法

「メッセージ」アプリの画面では、通常、やり取りを開始した時間や開封時間しか表示されません。では、各メッセージの送信時間／受信時間はどこで見ればいいのでしょうか？　実は時間は隠れているだけなんです。

メッセージの画面を左方向にドラッグしてみましょう。すると、右側に隠れていた送信時間／受信時間がにょきっと現れます。このワザ、覚えておくと、意外に役に立ちますよ！

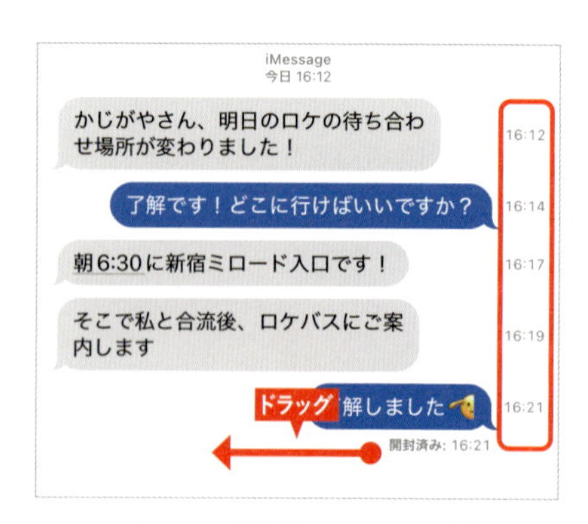

メッセージのスレッドを表示して、画面全体を左方向にドラッグすると、個々の吹き出しの右側に送受信時間が表示されます。指を離すと元に戻ります

045 海外のWebサイトも問題なし！ Safariで丸ごと日本語化

「海外通販が気になるけど、外国語が不安……」という人にオススメしたいのが、Webサイトのレイアウトをそのままに、ページ全体を日本語に翻訳してくれるSafariの翻訳機能です。リンク先も自動で日本語化されるので、そのまま読み進めることができます。対応言語は英語はもちろん、中国語、韓国語、フランス語、ドイツ語、イタリア語など幅広いのも特徴。言語を追加したい場合は、「設定」アプリの「一般」から「言語と地域」で行います。

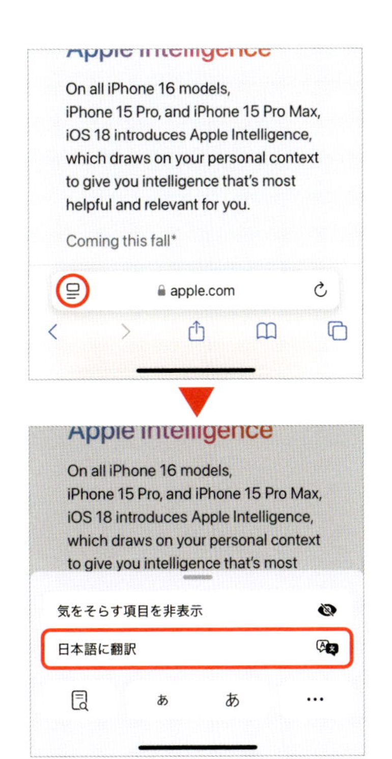

翻訳したいページで、スマート検索フィールドの左端にあるアイコン➡「日本語に翻訳」を選択します。複数言語を設定している場合は「Webサイトを翻訳 ...」という表示になります

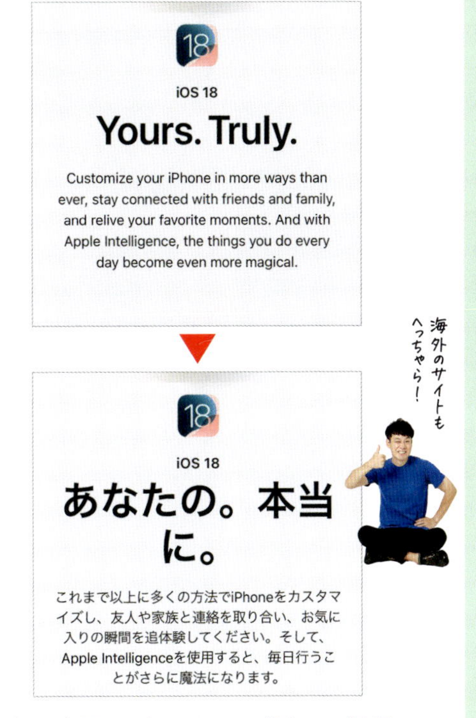

試しに米国アップルのiOS 18の紹介ページを翻訳してみました。変換はすぐに行われます。このページだけでなく、リンク先も日本語に翻訳されていくのが便利です

046 「コントロール」が追加! 「アクションボタン」使いこなし

iPhone 15 ProシリーズとiPhone 16の全モデルには、従来の「着信/消音スイッチ」に替わって「アクションボタン」が搭載されています。標準では長押しで「消音モード」のオン／オフが割り当てられていますが、ほかに「集中モード」「カメラ」「コントロール」など11種類の機能から選べます。特に、iOS 18から追加された「コントロール」では、「アラーム」「タイマー」「計算機」など、コントロールセンターの一部機能が割り当て可能になりました。例え

「設定」アプリの「アクションボタン」で設定します。この機能には特別なインターフェースが用意されており、左右にスワイプして11種類の機能、もしくは「アクションなし」を選びます

アクションボタンに割り当てられる機能	
消音モード	通知などの音を消音するか鳴らすかを切り替えます
集中モード	あらかじめ指定した内容で「集中モード」のオン／オフを行います
カメラ	「カメラ」アプリの5つの撮影モードから指定して起動します
フラッシュライト	背面の「フラッシュライト」のオン／オフを行います
ボイスメモ	「ボイスメモ」を起動してすぐに録音開始／停止します
ミュージックを認識	周囲でかかっている音楽やiPhoneで再生している曲名を表示します
翻訳	「翻訳」アプリを起動して語句を翻訳したり、別の言語で会話したりできます
拡大鏡	ルーペとして使える「拡大鏡」アプリを起動します
コントロール	コントロールセンターの機能を割り当てて直接呼び出せます
ショートカット	割り当てたショートカットが実行されます
アクセシビリティ	アクセシビリティの機能を素早く使用できます

「アクションボタン」に割り当てることが可能な11の機能。実際に使ってみると、ボタンから呼び出せるメリットを体感できるので、まずは試してみることをオススメします

ば、ロック画面からでもアクションボタンの長押しで計算機の起動や、機内モードへの切替が可能です。また「ショートカット」を使えば、利用方法は広がります。複雑な自動処理もボタンひとつで実行可能です（P.166参照）。

MEMO

「消音モード」は
コントロールセンターで操作可能

標準で割り当てられている「消音モード」のオン／オフですが、「コントロールセンター」でも操作できます。アクションボタンをほかの機能に割り当てた場合は、こちらから操作すればいいでしょう。

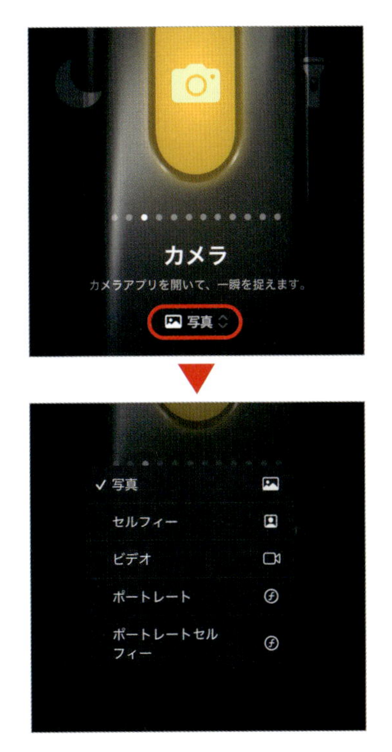

メニューを備えた項目は、タップすると選択肢が表示されます。「カメラ」の場合は、いきなり「セルフィー」や「ポートレート」で起動できるので、普段の使い方に合わせて設定できます

「コントロール」では、タイマー設定、機内モードやインターネット共有のオン／オフ、計算機やQRコードリーダーの呼び出しなどを、ロック画面からでもボタンだけで行えます

047 主役を切り抜きたいときは写真を長押しするだけ!

「写真」アプリには、画像内の人やモノを背景から自動で切り抜く機能が搭載されています。切り抜いた被写体はクリップボードにコピーしたり、ほかのアプリで共有したり、「メッセージ」のステッカーとして使用することもできます。方法はとても簡単で、人物、ペット、建物などメインとなっている被写体を長押しして、輪郭が白く光るエフェクトが表示されたら完了。指を離すと表示されるメニューから共有やコピーを選べるほか、白く光った

1 「写真」アプリで切り抜きたい画像を開いたら、メインとなっている被写体を長押しします。スキャンするようなエフェクトが表示されたら、いったん指を離します

2 周囲が少し暗くなり、切り抜いた被写体が浮き出て見えます。切り抜く画像を確認したら、メニューで「コピー」「ステッカーに追加」「共有…」のいずれかを選びます

あとそのまま指を離さずにドラッグして別のアプリにペーストすることもできます。なお、「写真」アプリで開いたビデオでも、切り抜きが可能です。ビデオを一時停止して、あとは写真と同じ操作でOKです。

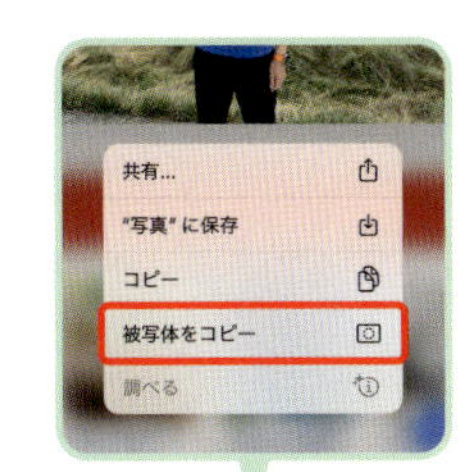

MEMO

Safariやメッセージでも写真を切り抜ける

切り抜きは、Safariや「メモ」アプリで開いた画像でも可能です。Safariの場合は、画像を長押ししたメニューから「被写体をコピー」を選ぶことで、ほかのアプリなどにペーストできるようになります。

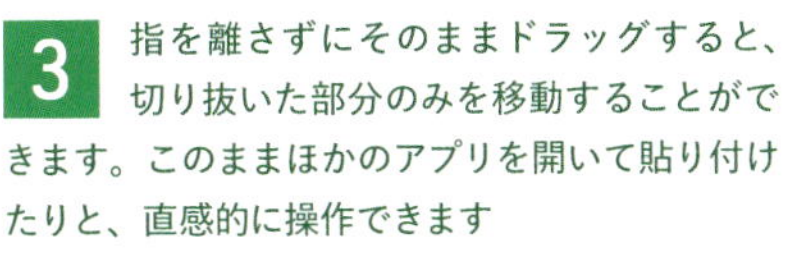

3 指を離さずにそのままドラッグすると、切り抜いた部分のみを移動することができます。このままほかのアプリを開いて貼り付けたりと、直感的に操作できます

4 切り抜いた写真をコピーして、「メモ」アプリに貼り付けました。高精度で切り抜かれていることがわかります。なお、コピーした被写体を別の写真に貼り付けることはできません

048 撮ったスクショを保存せずにメールなどで送信する方法

iPhoneの画面をほかの人に見せたいとき、スクリーンショットを撮ってLINEなどで送ると便利です。でも、何度も繰り返していると、ムダなスクリーンショットが写真ライブラリにどんどんたまってしまいます。そこでオススメしたいのが、撮影したスクリーンショットをクリップボードにコピーして、画像自体は削除する「コピーして削除」。画像は「最近削除した項目」に移動するのでライブラリには残らず、30日後に完全に消去されます。

1 サイドボタン+音量を上げるボタン（ホームボタンとサイドボタン）を同時に押してスクリーンショットを撮り、画面左下のサムネールをタップ。左上の「完了」をタップします

2 メニューが開くので、「コピーして削除」を選ぶと、スクリーンショットがクリップボードにコピーされ、あとはほかのアプリなどにペーストすればOKです

049 ひと手間加えて撮影すれば iPhone写真がより美しくなる

iPhoneにはキレイな写真が誰でも手軽に撮影できる高機能なカメラが搭載されていますが、撮影時にほんのひと手間加えるだけで、普段のスナップ写真のレベルがグッと上がります！

基本として押さえたいのが「明るさの調整」と「AE/AFロック」。被写体が暗い場合、少し明るくすると雰囲気がよくなります。また、AE/AFロックは明るさとピントを固定する機能で、主役を決めて固定し、そのまま構図を変えたいときなどにも便利です。

1 「カメラ」アプリでメインの被写体をフレームに入れてタップすると被写体にピントが合い、被写体や周囲に合わせて明るさが調整されます。このサンプルでは少し暗い印象です

2 画面を上下にスワイプすると、黄色い枠の横の太陽のアイコンが上下に動き、明るさを調整できます。明るさを見ながら調整して、最適な明るさになったらシャッターボタンを押します

フォーカスを合わせたい場所を画面上で長押しすると「AE/AFロック」がオンになります。その状態で構図を変えても長押ししたときのフォーカスと明るさが維持されるので、狙った構図で撮影できます。ただし、iPhoneが前後に動くとピントがズレてしまうので要注意。再度タップすると解除されます

050 写真の撮影日時や場所は上にスワイプすればわかる！

iPhoneで撮影した写真や動画には、撮影日時、位置情報（撮影場所）、機種名、撮影時の設定などが「EXIF（イグジフ）」というデータとして自動的に埋め込まれています。「写真」アプリで写真を開いた状態で画面を上方向にスワイプすると、EXIFに記録されたカメラの機種名、レンズの明るさ、シャッター速度、ISO感度などの撮影データが確認できるほか、地図上で撮影場所もチェックできます。過去に撮った写真を見返すとき、どの機種で

1 「写真」アプリでEXIF情報を見るには、まず情報を見たい写真を開いておきます。次に画面下部のⓘをタップするか、画面下から上方向にスワイプします

2 写真の情報が表示されます。iPhone以外のカメラの情報も確認できます。キャプションの追加や日付の変更もこの画面で行えます。ここでは「位置情報を追加...」をタップします

どこで撮影したのかがすぐにわかるので、楽しく思い出を振り返れます。また、古いデジカメ写真に位置情報を追加したり、キャプションを設定したりして、カメラロール内で検索できるようにすることも可能です。

MEMO

変更したEXIFを元に戻す

EXIFの撮影日時や場所を変更すると、その写真は「調整」を開いたときに「元に戻す」と赤文字で表示され、タップすると元の場所や日時に戻ります。なお、他人に渡すと元のEXIFはわからなくなります。

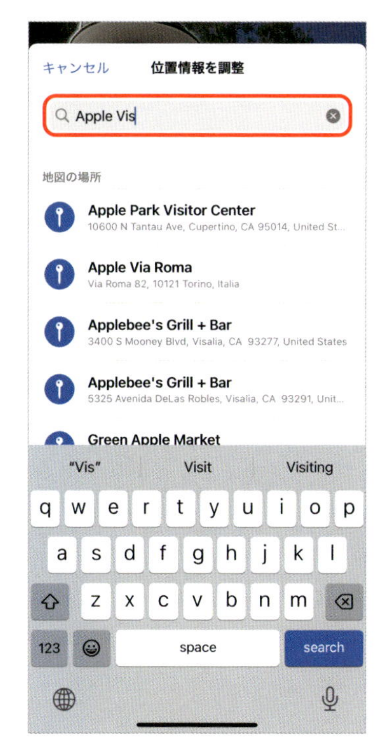

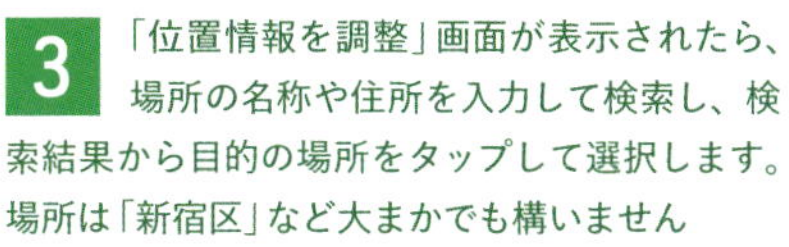

3 「位置情報を調整」画面が表示されたら、場所の名称や住所を入力して検索し、検索結果から目的の場所をタップして選択します。場所は「新宿区」など大まかでも構いません

4 3の画面で選択した場所が写真の位置情報として追加され、地図が表示されます。地図の下に表示される「調整」をタップすると、場所の修正や削除も可能です

051 4K動画を撮りたいときは撮影前に解像度の確認を

高機能化が進むiPhoneのカメラ。iPhone 8以降では4K/60fpsの高画質で臨場感のある映像が、iPhone 16 Proシリーズでは4K/120fpsのスローモーション動画が撮影できます。ただし、標準設定では1080p HD/30fpsという一般的な品質になっています。4K動画を撮るには、「カメラ」アプリで「ビデオ」モードに切り替えたあと、画面右上の「HD・30」などと表示された部分をタップして、解像度やフレームレートを変更しましょう。

解像度とフレームレートは、「カメラ」アプリ上で変更します。撮影モードを「ビデオ」にすると、右上に数値が表示されるので、それぞれをタップしてモードを切り替えます

「設定」アプリの「カメラ」➡「ビデオ撮影」でも変更できます。データサイズの目安も出ているので、撮影時の参考にしましょう。なお、720pの解像度はこの画面からのみ選択できます

「写真」モードのまま動画を撮影する方法

写真を撮影中に動画で撮りたくなることってありますよね。そんなときにいちいち撮影モードを切り替えて、撮り直す必要はありません。実はシャッターボタンをそのまま長押しすると、指を離すまで動画撮影に切り替わります。動画を撮り続けたいときは、そのまま指を右方向にドラッグしてロックすれば、指を離しても動画撮影を継続できます。また、写真モードでシャッターボタンを左にドラッグすると「バースト(連写)」撮影が可能です。

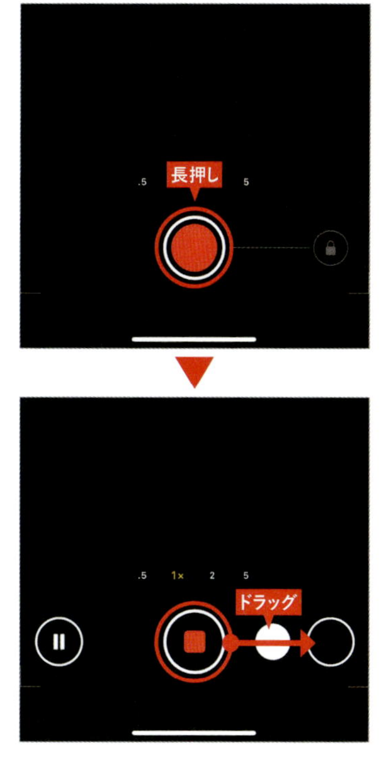

「写真」モードのときに、シャッターを長押しし続けると動画撮影が始まり、離すと停止します。動画を撮り続ける場合は、シャッターボタンを右にドラッグして輪の中に入れます

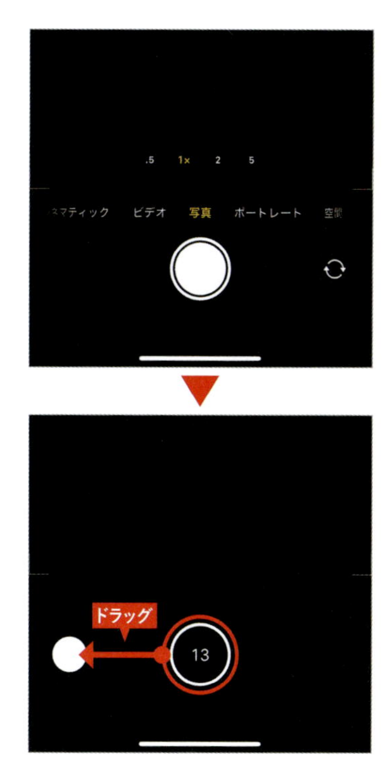

「写真」モードでシャッターボタンを左にドラッグすると連写が始まり、指を離すと止まります。自動でベストショットが選ばれますが、あとから好きな写真を選ぶこともできます

053 動画を撮影しながら写真を無音で撮るテクニック

動画を撮影中に「今この瞬間を写真（静止画）でも撮影してすぐにSNSにアップしたい」といった場面。そこで活躍するのが、動画撮影中に写真を撮る機能です。動画を撮影開始すると画面に白いシャッターボタンが表示されるので、これをタップすると、撮影中の動画とは別に静止画で保存されます。この方法ではシャッター音が鳴らないため、レストランやカフェなど静かな場所でも気軽に写真を撮る方法としても有効です。

動画を撮影中に、画面の隅に表示される白い円形のシャッターボタンをタップすると、ビデオと同じ画角の静止画が同時に撮影されます。シャッター音は鳴りませんが、きちんと撮れています

動画から切り出す手間が不要！

「ビデオ」モードで撮影した静止画です。実際には動画から切り出した画像に相当するため、画質は動画撮影時の解像度となります。例えば4Kで動画撮影した場合の解像度は3840×2160ピクセル（約830万画素）です

054 バッテリー充電率の上限と残量のパーセント（%）表示

旅行中の撮影や地図の確認など、外出先でiPhoneを続けて使う状況で気になるのが、バッテリー残量。しかし、画面右上のバッテリーアイコンでは大まかな残量しかわかりません。そこで、残量をパーセント（%）表示にして、残量がひと目でわかるようにしましょう。なお、100％まで充電するとバッテリーが劣化しやすいと言われていますが、iOS 18ではiPhone 15以降で充電上限を80～100%の5％刻みで設定できるようになりました（P.103参照）。

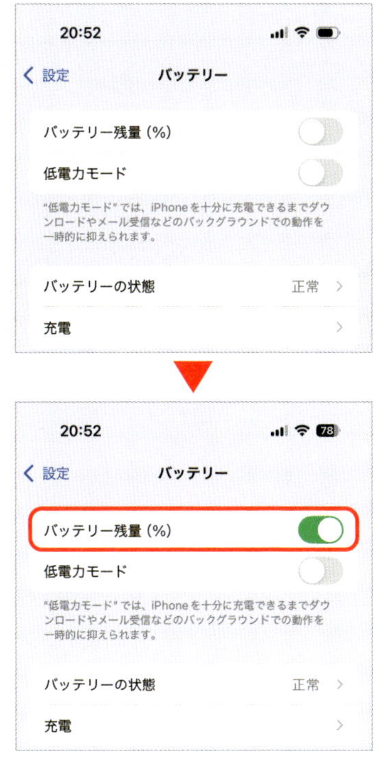

1 「設定」アプリの「バッテリー」を開いて、「バッテリー残量（%）」をオンにすると、バッテリーアイコンの中にバッテリー残量がパーセントで表示されます

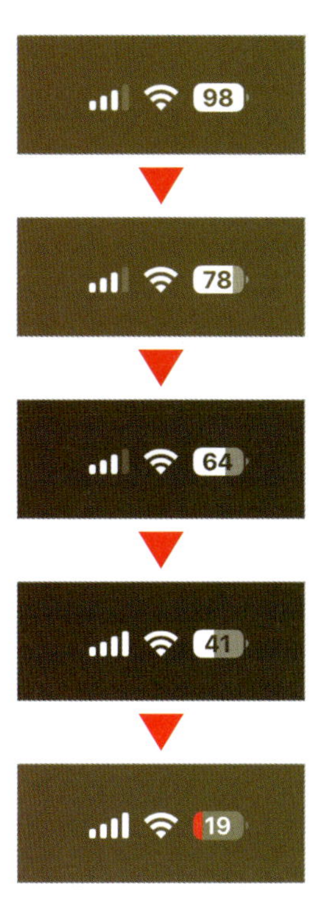

2 バッテリーアイコンの上に、バッテリーの残量のパーセントが重なって表示されます。なお、コントロールセンターではアイコンの左にパーセント表示されます

055 バッテリーを節約するための定番テクニック

外出先でiPhoneを頻繁に使っていると、バッテリー残量がみるみる減って不安になってきますよね。そこで、iPhoneの電力消費を少しでも抑えてバッテリーを節約するための定番テクを紹介します。使用中の消費電力を抑えるには、画面の輝度を下げるのが効果的です。また、ロック画面では画面を下向きに置くと、画面が消えて省電力になります。これは、iPhone 14 Pro以降の常時表示ディスプレイ対応モデルでも有効です。

「省データモード」を利用する

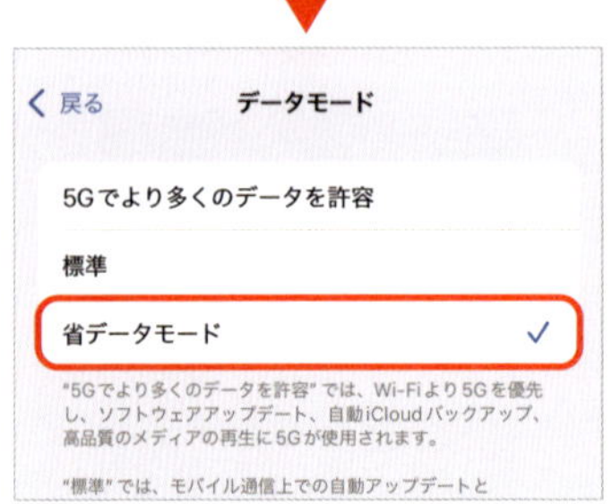

データ通信量を抑える「省データモード」は、バッテリー節約にも有効。モバイル通信で有効にすれば外出時の省電力につながります。「設定」アプリの「モバイル通信」➡「通信のオプション」➡「データモード」で「省データモード」を選択します

バックグラウンド更新をオフ

アプリの中には、使っていないときでも自動更新するものがあります。データ更新の必要がないアプリがあれば、「設定」アプリの「一般」➡「アプリのバックグラウンド更新」で更新をオフにしておきましょう

MEMO

ピンチのときは「低電力モード」をオンに

すぐに充電できない状況でバッテリー残量がいよいよヤバくなってきたら、「低電力モード」をオンにして節電しましょう。「設定」アプリの「バッテリー」で設定できますが、コントロールセンターに追加しておくと、オン／オフを素早く切り替えられます。いくつかの機能に制限がかかるので、最後の手段にしましょう。

ディスプレイの設定を見直す

「設定」アプリの「画面表示と明るさ」で「ダーク」モードに切り替える、「自動ロック」までの時間を短縮する、「True Tone」と「手前に傾けてスリープ解除」、「常に画面オン」をオフにする――といったことでも節電効果が期待できます

「充電の最適化」で「上限80%」

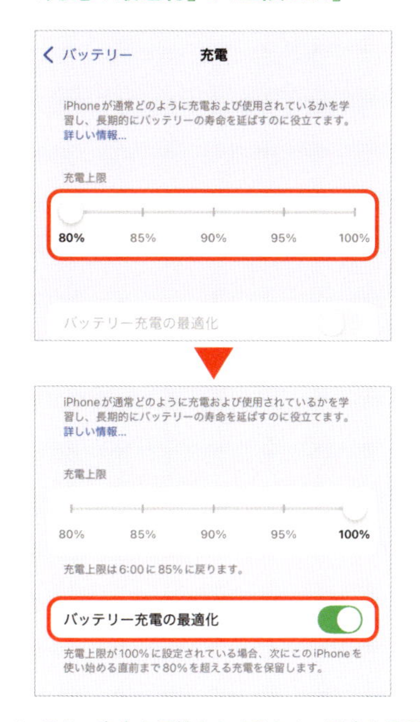

バッテリー寿命を長持ちさせるための設定も重要です。iPhone 15シリーズ以降では、「設定」アプリの「バッテリー」➡「充電」で「バッテリー充電の最適化」をオンしたり、充電上限を80～95%に設定して耐用年数を延ばしたりできます

056 iPhoneのデータを丸ごとバックアップして安全に保管

iCloudは、iPhoneやiPad、Macなどのデータをクラウドで管理できるアップル提供のサービス。iPhoneユーザーは基本的に使用しているもので、バックアップやデータの同期を自動で行えます。iCloudメールでのやり取りのほか、「写真」アプリのカメラロールにある写真や動画、カレンダー、連絡先、メモ、各種設定、パスワードなどが安全に保存されるので、機種変更のときはもちろん、紛失・盗難に遭った場合でも簡単に新しいiPhoneにデータを

Apple Account
iCloud
かじがや卓哉
ストレージ 619.2MB／5GB
iCloud+にアップグレード
プレミアム機能ともっと多くのスペースを利用できます。
あなたへのおすすめ 3
iCloudについての詳細、その他2件
iCloudに保存済み すべて見る
写真 139個の項目
Drive 3.8KB
パスワード オン
メモ 17個の項目
メッセージ オフ
メール 1.9MB
iCloudバックアップ 3日前
このiPhone
iCloud+でもっと楽しもう
最大12TBのストレージ
あなたとファミリーのための容量を増やす

1 「設定」アプリを開いて、上部にある自分の名前➡「iCloud」で、iCloudの利用状況を確認できます。ここで「ストレージ」をタップしてみましょう

2 「ストレージを管理」画面では、iCloudストレージの消費量が多い順に項目が並びます。各項目をタップすると、詳細確認やiCloudに保存されているデータの削除などができます

転送できるわけです。

　ただし、無料で提供される容量は5 GBと少なく、写真や動画が多いとすぐに容量不足になってしまいます。有料のサブスクリプションサービス「iCloud+」にアップグレードすれば、最大12TBまでストレージ容量を増やせるほか、実際のメールアドレスを相手に知らせることなく、安全にメールを送受信できる「メールを非公開」なども追加され、より便利に使えるようになりますよ(P.142参照)。

3 2の画面で「ストレージ容量を増やす」をタップすると、ストレージを追加できる「iCloud+」へアップグレードが可能です。価格は追加する容量によって異なります

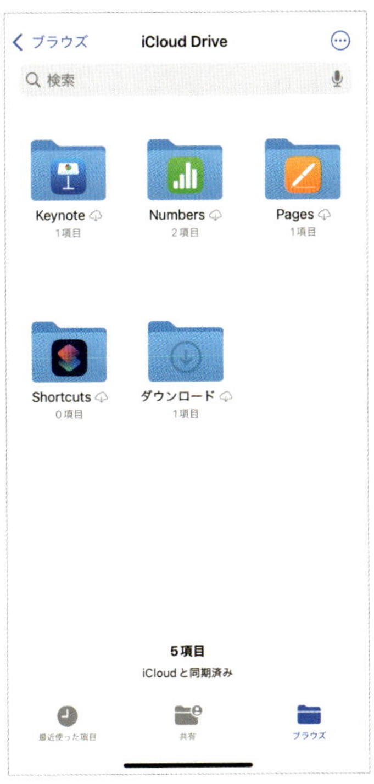

4 各アプリのデータが保存されるiCloud Driveへは、「ファイル」アプリでアクセスします。ここに保存したデータは、iPadやMacからもアクセス可能で簡単にファイル共有できます

057 時間と場所で知らせてくれるリマインダーの便利ワザ

「リマインダー」は、忘れがちな作業や予定を通知で知らせてくれる便利ツールですが、実は通知を「日時」だけでなく「場所」に基づいて設定できるんです。例えば、図書館に本を返しに行く予定がある場合、図書館の近くに来たときに通知が届くようにすれば、忘れずに返却できるというわけです。時間と場所のダブル通知も有効ですよ。「カレンダー」とも連動するようになり（P.53参照）、ますます活躍してくれそうです！

1 「リマインダー」アプリで、新しいタスクを作成します。作成したタスクをタップで選択し、クイックツールバーのカレンダーアイコンに続いて「今日」をタップします

2 同じ画面で、今度は位置情報アイコン➡「カスタム」をタップして場所を指定します。タスク項目の右側にあるⓘをタップすると、通知や場所などを詳細に設定できます

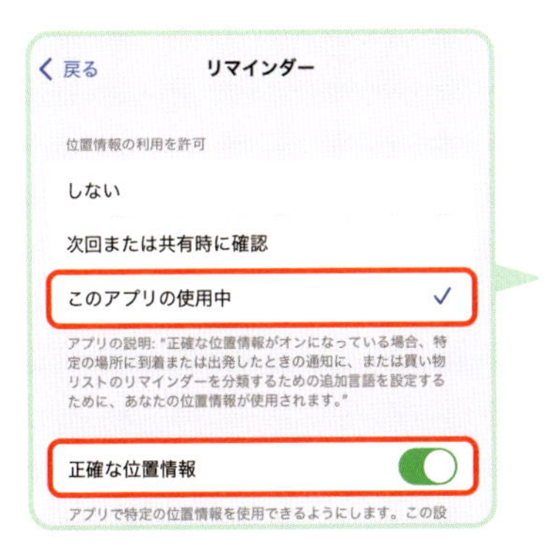

MEMO

登録した場所に着いたのに通知されないときは

リマインダーで指定した場所で通知が届かない場合は、「設定」アプリの「プライバシーとセキュリティ」➡「位置情報サービス」➡「リマインダー」を開いて、「このアプリの使用中」を選び、「正確な位置情報」がオンになっているか確認しましょう。

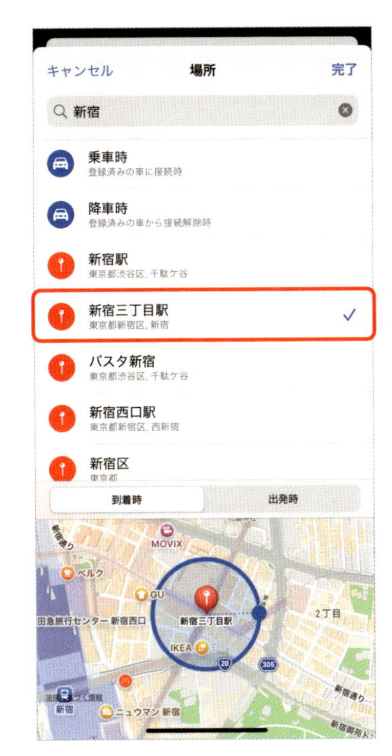

3 画面が切り替わったら、通知させる場所を検索し、検索結果から目的の場所を選択します。地図上のタブで通知させるタイミングを「到着時」または「出発時」から選びます

4 通知する場所の範囲は、ドラッグで調整できます。なお、「到着時」はマップで指定したエリアに入ったタイミング、「出発時」は指定したエリアから出たタイミングで通知されます

AirPodsが耳を守ってくれる

アップルの最新のワイヤレスイヤホン「AirPods Pro 2」と「AirPods 4（アクティブノイズキャンセリング搭載）」は、単に性能の高いイヤホンではありません。実は、私たちの耳を守ってくれる機能を備えています。AirPodsの「適応型オーディオ」は、大きな騒音のある場所に来ると耳に届く音を自動的に抑えてくれます。音楽を聴いていないときも、騒音は消しつつ、環境音は「外部音取り込みモード」で取り入れるのです。

また、AirPods Pro 2では、iOS 18.1との組み合わせで家庭用の聴覚検査「ヒアリングチェック」が実施できるようになりました。健康診断などでおなじみの「ポーポーポー」という小さな音が鳴ったらボタンを押すという5分ほどの検査を行い、難聴の可能性をチェックできます。テストの結果、軽度から中程度の難聴の可能性があると判断された場合、今度はAirPods Pro 2が聴力補助機能として役立ちます（重度の場合は医師にご相談ください）。周りの音を大きくして聞こえるようにしたり、会話を強調するなどの細かい設定も可能です。多くの人が装着するようになったAirPodsが、イヤホンを超えた存在になりつつあります。

周囲が静かな環境かどうかの確認などが行われたあと、iPhoneは「おやすみモード」となり、通知などが遮断された状態で検査を実施します

オススメの定番ワザが満載！
iPhone芸人イチオシテクニック

058 「シネマティックモード」を上手に使うための基本ワザ

主被写体を判別して背景をぼかし、色合いを補正してプロが撮影したような映像にしてくれる「カメラ」アプリの「シネマティックモード」。日常の何気ない動画でも美しい映像に仕上げてくれます。周囲がぼけた映像は使いにくいと思う人もいるかもしれませんが、実はあとからぼかしを外したり、フォーカス位置を変更したりすることができます。iPhone 13以降の機種で利用できるので、使ったことがない人はぜひ試してみてください。

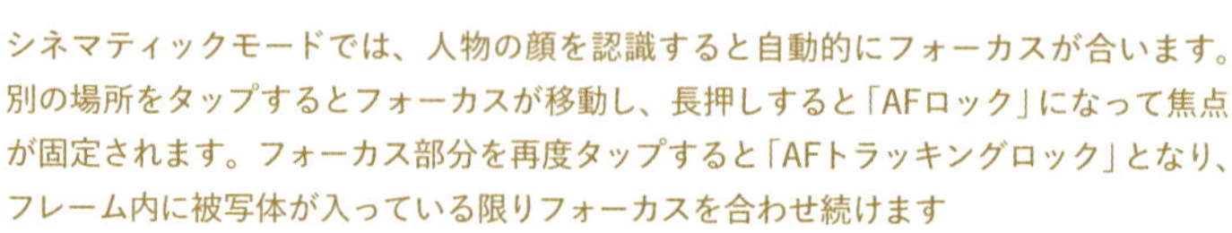
シネマティックモードでは、人物の顔を認識すると自動的にフォーカスが合います。別の場所をタップするとフォーカスが移動し、長押しすると「AFロック」になって焦点が固定されます。フォーカス部分を再度タップすると「AFトラッキングロック」となり、フレーム内に被写体が入っている限りフォーカスを合わせ続けます

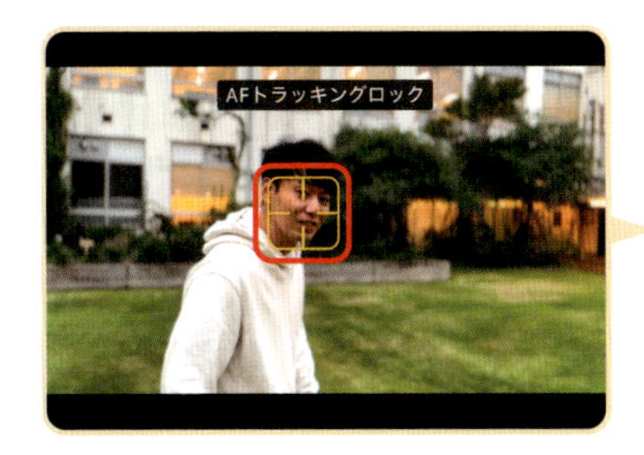

MEMO

撮影したあとに AFトラッキングロック

シネマティックモードで撮影した映像は、編集の際にある程度自由にフォーカスの位置を変更できます。編集時に被写体をダブルタップすると、「AFトラッキングロック」も有効になるので、撮影後に被写体を変えた動画にすることも可能です。

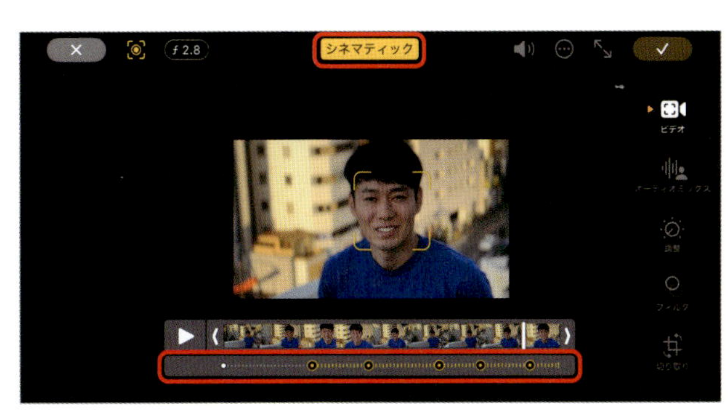

1 撮影後のフォーカスの変更は、「写真」アプリの「編集」で行います。タイムラインの下にはフォーカスが移動した箇所に黄色い丸印が、画面上には黄色い枠でフォーカスの場所が示されます。なお、画面上部の「シネマティック」をタップすると、通常の動画に戻ります

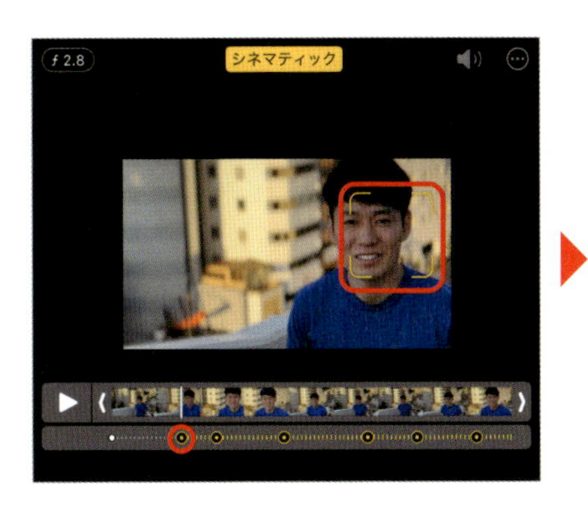

2 ピントを合わせたい場所をタップすると、フォーカスが移動して、タイムライン下に黄色い丸印が追加されます。丸印を選んでゴミ箱アイコンをタップするとフォーカスの移動が解除されます

059 写真の傾きが気になる人は「水平」機能を使いましょう

iPhoneで撮った風景や建物の写真をあとで見返すと、何だか傾いている……そんな経験はありませんか？ 解決策としてオススメしたいのが、「カメラ」アプリの「水平」機能です。カメラを構えてiPhoneを水平に近づけると、画面中央に白い線が現れ、両端の線とピッタリ合って黄色に変われば、水平になった合図。すると線は消えますが、水平は保たれた状態なので、そのまま撮ればOKです。この機能は縦横どちらの向きでも使えます。

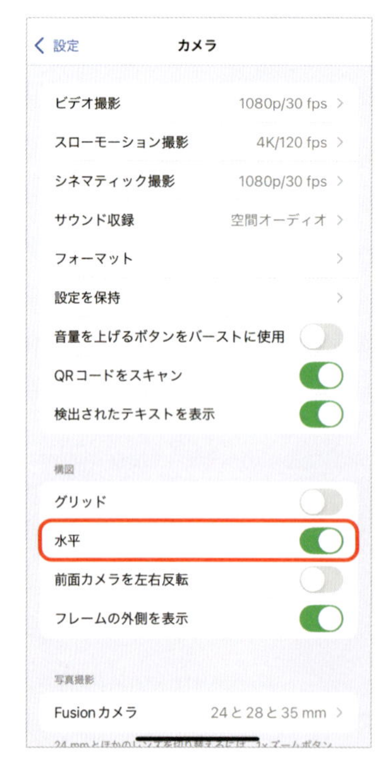

1 「設定」アプリの「カメラ」で「水平」をオンにします。ちなみに、その上にある「グリッド」をオンにするとガイド線が表示されて、構図などが確認しやすくなります

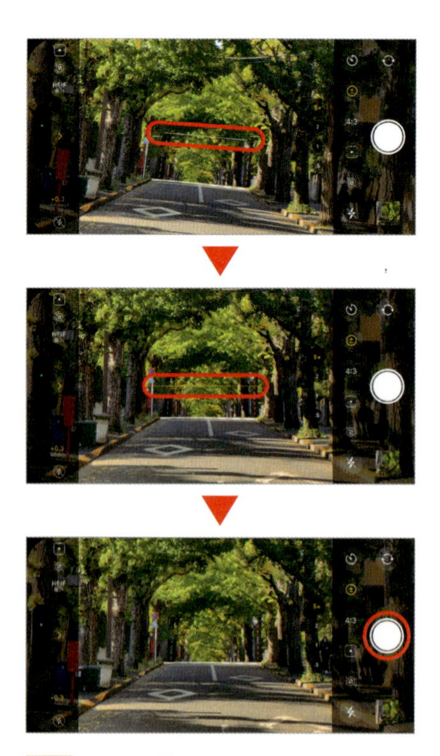

2 カメラを構えてiPhoneを水平に近づけると、中央に白い線が現れます。傾けて水平になると黄色になり、約1秒で消えます。その状態を維持して撮影しましょう

060 4800万画素で撮影してもデータサイズを抑える方法

iPhone 16 Proシリーズでは、広角カメラに加え、超広角カメラも4800万画素に対応しました。ただし、通常は2400万画素か1200万画素で撮影され、4800万画素の高画質で撮影するには設定変更が必要です。以前は「ProRAW」形式のみ対応で、データ量が大きい点が課題でしたが、現在は4800万画素の写真をデータ量を抑えたHEIF形式(またはJPEG)で保存可能になり、高画質な写真を気軽に撮影できるようになりました。

写真撮影

写真モード 24 MP >

Fusionカメラの1倍で撮影した写真は12 MPまたは24 MPで保存できます。ナイトモード、マクロ、フラッシュ、またはポートレート照明で撮影した写真は12 MPで保存されます。

ProRAWと解像度コントロール

プロデフォルト ProRAW(最大) >

ProRawと最大解像度(48 MPまで)のためのカメラコントロールを表示します。

48 MPの解像度は、Fusionカメラの1倍、または超広角カメラの0.5倍を使用して撮影できます。ナイトモード、フ

< フォーマット プロデフォルト

HEIF(最大、48MPまで) ✓

ProRAW 12MP

ProRAW(最大、48MPまで)

デフォルトのプロフォーマットを選択してください。カメラコントロールでプロフォーマットのオンとオフを切り替えられます。その他のフォーマットオプションを選択するには、カメラコントロールを長押しします。

PRORAWフォーマット

JPEGロスレス(互換性優先) ✓

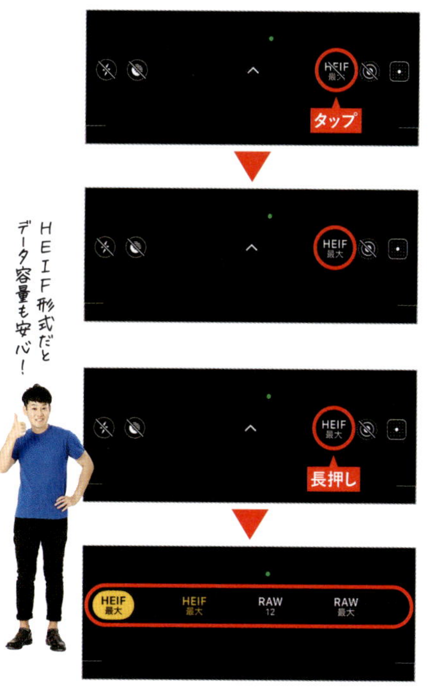

1 「設定」アプリの「カメラ」➡「フォーマット」で「ProRAWと解像度コントロール」(または「解像度コントロール」)をオンにして、4800万画素の撮影を有効にします。すぐ下の「プロデフォルト」で「HEIF(最大、48MPまで)」を選択します

2 「カメラ」アプリを起動すると、右上に斜線の入った「HEIF最大」ボタンがあります。タップすると有効になり、4800万画素のHEIF形式で撮影できます。なお、長押しするとProRAW形式に切り替えることも可能です

061 「これ何だっけ?」は撮影して調べよう

散歩の途中で目に止まった野草や昆虫、旅行先で見つけた歴史的な建造物など、「これ何だっけ?」と思ったら、何はなくとも撮影しておきましょう。写真や動画に収めておきさえすれば、「写真」アプリがササッと調べてくれます。

情報を見つけるとⓘのアイコンに星のマークが付きます。それをタップすると、被写体の情報が表示されます。動画の場合は、「写真」アプリで再生し、調べたいものが映ってい

画像から調べる

1 「写真」アプリで被写体の情報が見つかると画面下部の[i]に星のマークが付きます。これをタップするか画面を上方向にスワイプして「調べる:○○」をタップします

2 インターネットで検索された情報が「Siriの知識」として表示されます。ここでは、旅先で撮った沖縄そばの写真を調べたところ、何とレシピがヒットしました!

るところで一時停止すればOK。植物や動物の場合は名前や種類、ランドマークであれば建物の名前や関連する写真、そして料理の画像からはレシピを調べてくれる優れものなんです。

MEMO

Safariで表示中の画像も調べます

「画像を調べる」機能は、「写真」アプリのほかに「Safari」でも使えます。Safariでは、調べたい画像を長押しし、表示されたメニューから「調べる」をタップします。「調べる」が表示されないときは、あきらめて検索しましょう。

動画から調べる

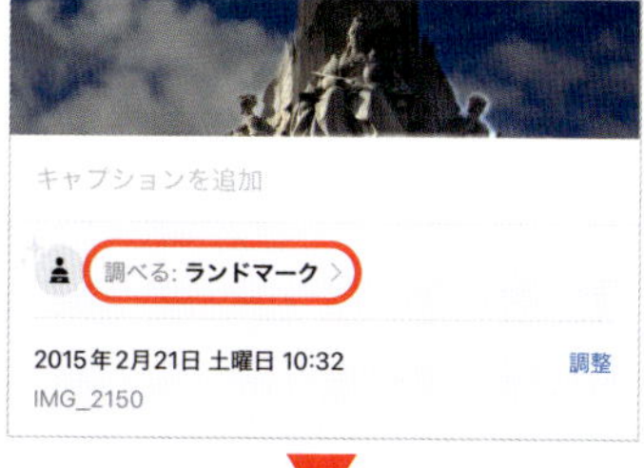

1 動画を再生し、調べたい対象物が映っている箇所で一時停止します。画像下部の「i」ボタンに星マークが点灯したら、それをタップします

2 「調べる：○○」をタップすると、検索の結果が表示されます。検索結果をタップすると、Webページの要約文が表示されます。調べる対象によって変わるアイコンにも注目!

062 iPhoneでの名刺交換は「NameDrop」がスマート

電話番号やメールアドレスの交換をしたいとき、いちいち番号やアドレスを聞いて入力したりしていませんか？ iPhone同士なら「NameDrop」で一発です。iPhone同士の上部を近づけることで、自分の名前／電話番号／メールアドレスなどを選んで、相手の「連絡先」アプリに直接保存できます。交換時に連絡先を表示しますが、ロック解除が必要なので、勝手に見ることはできません。これからの名刺交換はiPhoneを近づけるだけです！

1 所有者のプロフィールであるマイカードを入力済みのiPhone同士の上部を近づけます。iPhoneが振動を始め、ダイナミックアイランド周辺から波紋のようなエフェクトが出ます

2 エフェクトが収まると、それぞれのiPhoneに自分のマイカード（ポスター）が表示されます。このときiPhoneをロックすると、やり取りはキャンセルされます

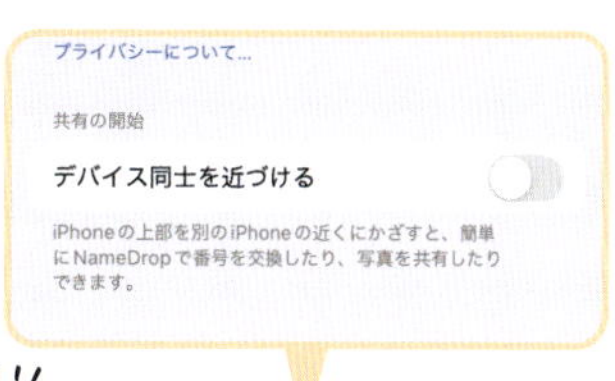

MEMO

NameDropをオフにする

NameDropしないようにするには、「設定」アプリの「一般」➡「AirDrop」で「デバイス同士を近づける」をオフにします。複数のiPhoneを検証していると、何度も勝手に反応して困ってしまい、オフにしたことがあります(笑)。

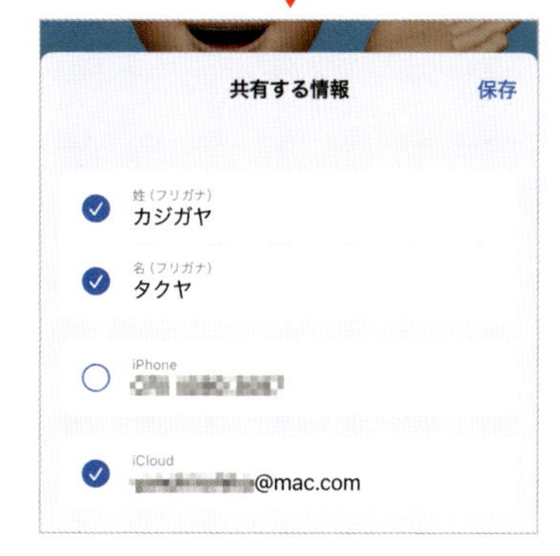

3 共有する項目を選択するには、電話番号(もしくはメールアドレス)をタップして、項目を選びます。「共有」をタップすると相手に送られます。「受信のみ」も選択できます

4 お互いが共有すると、マイカードが相手の画面に移動します。「完了」をタップすると連絡先に登録され、接続済みとなります。ここで連絡先のカードを編集することもできます

063 あとで読みたいWebページはPDF化してじっくり閲覧

Webサイトの閲覧中に見つけた面白そうな記事を読み始めたものの、今はちょっと時間がない。そんなとき、メモ代わりにスクリーンショットを撮るのもひとつの方法ですが、ものすごく長いWebページだとスクショに収まりません。そこで、Webページを丸ごとPDFファイルにしちゃいましょう。

まずは、いつもどおりスクリーンショットを撮ります。左下のサムネールをタップして編集画面が表示されたら、画面上部の「フルページ」タブ

1 Webページでスクリーンショットを撮ったら、表示される左下のサムネールをタップします。サムネールは時間が経つと消えてしまうので、速やかに操作しましょう

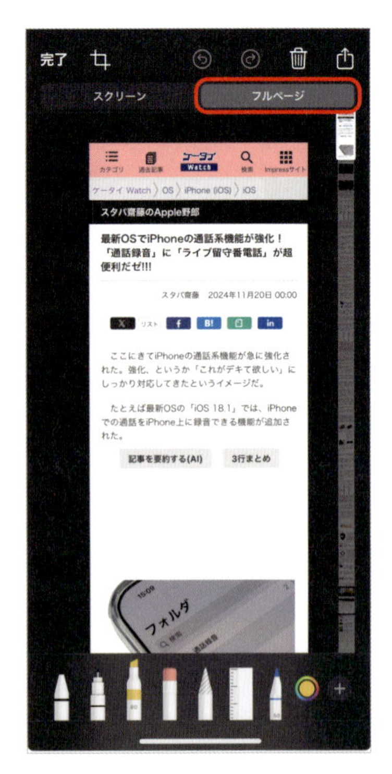

2 編集画面が開きます。ここで、画面上部の「フルページ」をタップすると、隠れていたページ全体の長いサムネールが右側に表示されます。とても長いです

をタップします。画面右側にWebページ全体のサムネールが表示されたことを確認したら「完了」をタップして、PDFファイルとして保存します。PDFファイルにしておけば、あとからじっくり読めますよ。

MEMO

詐欺電話に延々と応対し時間を浪費させるAIおばあちゃん、O2が開発
ページの読み上げを聞く
リーダーを表示
気をそらす項目を非表示

リーダー表示で必要な記事だけを保存

Webサイトによっては、ページ内の関連記事や広告なども一緒に保存されてしまいます。リーダー表示に対応しているWebページでは、リーダー表示にした状態で「共有」アイコン➡「オプション」➡「リーダー PDF」で保存すると、本文だけを保存できます。

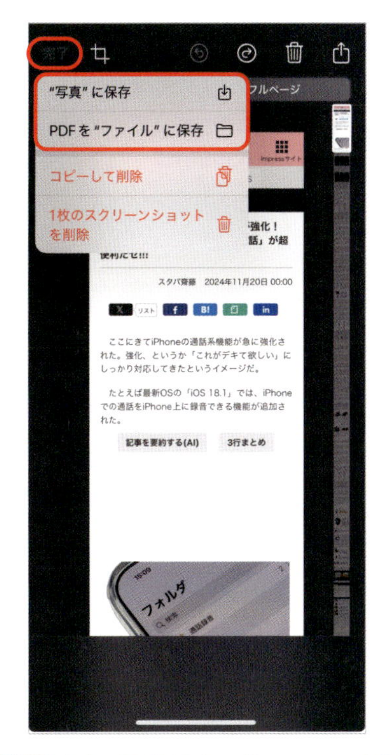

3 左上の「完了」をタップしてメニューを開き、画像で保存する場合は「"写真"に保存」、PDFで保存するなら「PDFを"ファイル"に保存」をタップして保存先を指定します

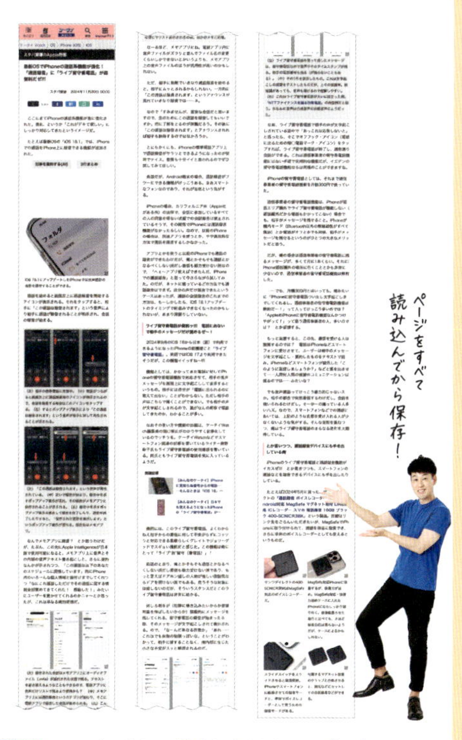

4 ファイルとして保存したWebページです。やはりとんでもなく長いですね（分割して掲載してます）。読みづらい場合は、ピンチアウトで拡大して読むといいでしょう

064 友だちにも教えてあげよう！ Webページ内を検索する方法

Safariで調べものをするとき、キーワードでWeb検索します。では、開いたページ内にあるキーワードを探すには、どうしたらいいのでしょうか？ いまだによく聞かれる質問です。

ページ内検索にはいくつかの方法があります。例えば、スマート検索フィールドの左端のアイコンから検索する方法や画面下部の「共有」アイコンから検索する方法。通常の検索と同様にスマート検索フィールドからも検索できますよ。

1 目的のページを開いた状態で、スマート検索フィールドの左端にあるアイコンをタップし、表示されたメニューで「ページを検索」アイコンをタップします

2 検索したいキーワード（ここでは“iPhone 16”）を入力すると、ページ内でハイライトされます。複数あった場合は、矢印キーで移動できます。また、キーワードの再編集も可能です

065 重要なメールには「フラグ」再読には「フィルタ」で万全！

重要な会議の日時や場所など、あとで確認したいメールってありますよね。ボクの場合、重要なメールには「フラグ」を付けるようにしています。似た機能に「リマインダー」がありますが（P.208参照）、フラグは簡単な操作ですぐに付けられるのがポイントです。

フラグを付けたメールは「フラグ付き」フォルダで確認できますが、もっと便利な方法が「フィルタ」です。フィルタを使えば、フラグ付きのメールを瞬時に表示できるのでオススメです！

1 メールボックスで対象のメールを左方向にスワイプし、メニューから「フラグ」を選択。開いているメールは、画面下部の矢印アイコンをタップして「フラグ」をタップします

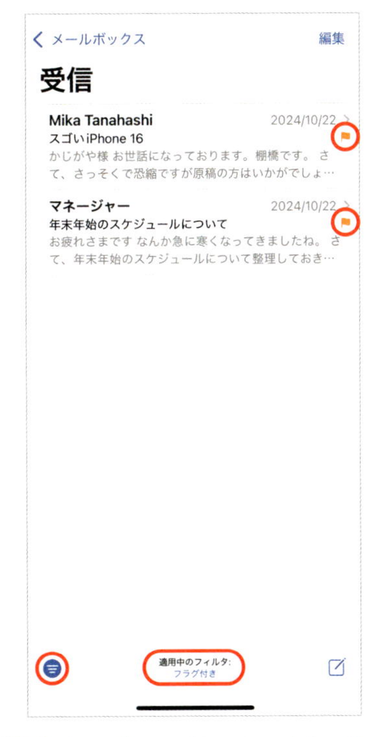

2 左下の「フィルタ」アイコンをタップしてフィルタをオンにします。「適用中のフィルタ」が「未開封」の場合は、タップして「フラグ付き」に変更します（P.188参照）

066

今なら間に合う!? メールの送信を取り消す方法

メールの間違いに気付くのは、なぜかいつも送信後……。ボクがやってしまいがちなのが、必要なファイルを添付せずに送信してしまうパターンです。

そんな失敗を繰り返さないために、「送信を取り消すまでの時間」を設定しておきましょう。これは、送信ボタンを押した直後であれば送信の取り消しが可能になる、魔法のような機能なんです。取り消しまでの時間は、最長の30秒に設定すると安心です。これでもう訂正メールの再送は不要です！

引用のマークを増やす　オン
返信に添付ファイルを含める　受信者を追…
リンクのプレビューを追加
署名　iPhoneから送信
サーバ上の画像を読み込む
送信
送信を取り消すまでの時間　オフ

メール　送信を取り消すまでの時間
オフ
10秒
20秒
30秒 ✓

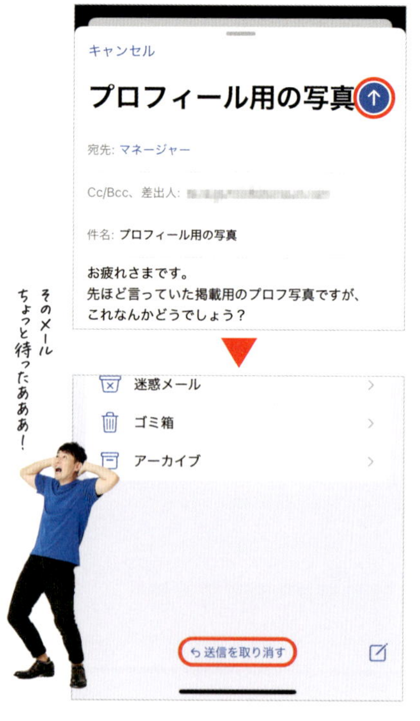

1 「設定」アプリの「アプリ」➡「メール」で、一番下にある「送信を取り消すまでの時間」をタップします。すると、時間の設定画面が開くので、10秒／20秒／30秒から選びます

2 メールを書いて右上の送信ボタンをタップ。設定した時間内であれば、メールボックス一覧かメール一覧の下部の「送信を取り消す」をタップすることで編集画面に戻ります

067 送ったメッセージの送信を取り消す方法

アップル製デバイスでやり取りできるiMessageでは、送信したメッセージを取り消せるって知ってました? 送信後15分以内に5回までなら編集可能、2分以内なら取り消しができます。

ただし、編集履歴は参照可能で、送信を取り消したとしてもその旨が表示されるので、完全に「なかったこと」にはできません。また、相手のデバイスがiOS 16、iPadOS 16、macOS 13以前の場合、元のメッセージが残ることも頭に入れておきましょう。

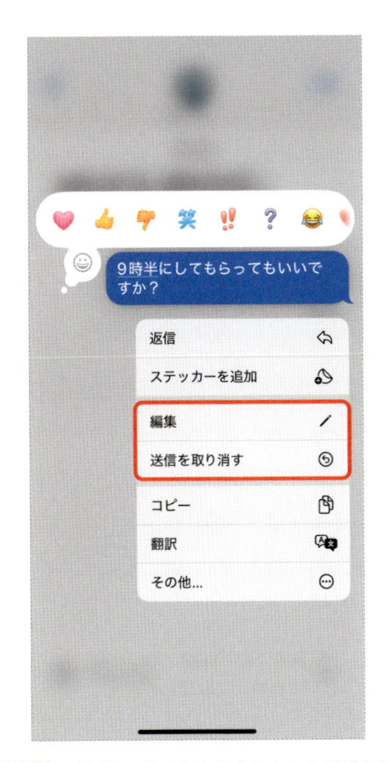

1 送信後15分以内なら吹き出しを長押しして、メニューで「編集」をタップすると内容を編集できます。また、2分以内なら「送信を取り消す」をタップして送信を取り消せます

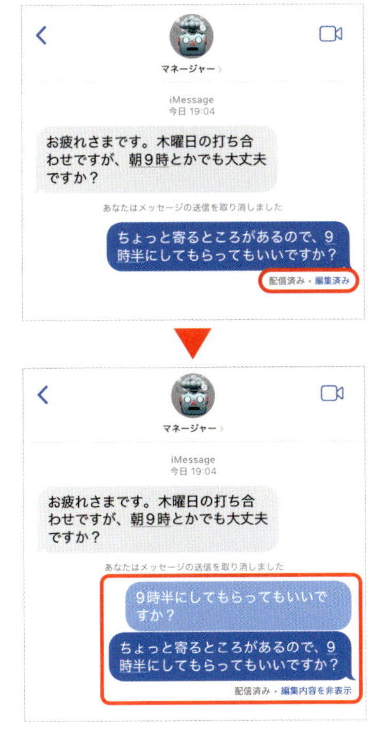

2 編集したメッセージには「編集済み」と表示されます。この青文字部分をタップすると編集前の内容を参照できます。これらは送信先の相手からも見えることに留意しましょう

068 LINEスタンプみたいな「ステッカー」を作ろう

やや地味な印象の「メッセージ」アプリですが、実はLINEのスタンプのような「ステッカー」機能があるんです。絵文字やミー文字をスタンプのように使えるほか、「写真」アプリからオリジナルのステッカーを作ることもできます。自分で撮影した写真から被写体を抽出できるので、自分だけのオリジナルステッカーを送れます。

また、ステッカーにはエフェクトを追加できるので、アウトラインを追加したりキラキラ光らせたりと、アニ

1 「写真」アプリでステッカーにしたい写真をフルスクリーン表示にします。被写体部分を長押しし、周囲が光って選択されたら指を離して「ステッカーに追加」をタップします

2 これで「ステッカー」に追加されます。追加した画像上の「エフェクトを追加」をタップして、画面下のエフェクトの中から好きなものを選ぶと、適用されます

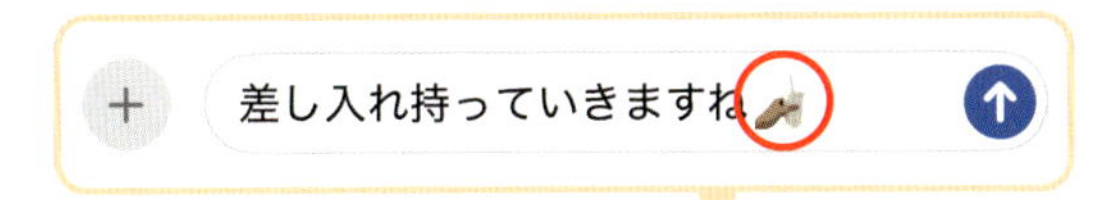

メーションステッカーとして仕上げることも可能です。なお、Live Photosから作ると全体が動くステッカーになります。LINEにはない面白ステッカーが飛び交うと、メッセージのやり取りが楽しくなりますよ！

MEMO

インラインで絵文字としても使える

iOS 18.1では、メッセージの本文中に絵文字としてステッカーを挿入できるようになりました。テキストを入力してステッカーを追加します。「メール」では、「絵文字」キーボードからステッカーを追加できます。

3 「メッセージ」アプリのメッセージ作成画面で、入力欄の左の[+]をタップして、メニューから「ステッカー」を選びます。続いて「ステッカー」アイコンをタップします

4 好きなステッカーを選んでタップし、メッセージとして送れるほか、ドラッグして相手の吹き出しに貼り付けたり、好きな位置に配置することもできます

069 FaceTimeのビデオ通話は花火が上がって紙吹雪が舞う!

iOS 18で新たな共有機能が加わったFaceTimeですが（P.36参照）、実用的なものだけでなく、コミュニケーションが盛り上がる楽しい機能も用意されています。

ビデオ通話中に特定のジェスチャを認識して、風船が飛んだり、紙吹雪が舞ったりする「リアクション」は、相手を驚かせたり、会話を盛り上げたりするのにひと役買ってくれそうです。Zoomなどのビデオ会議アプリでも有効なので、試してみてください。

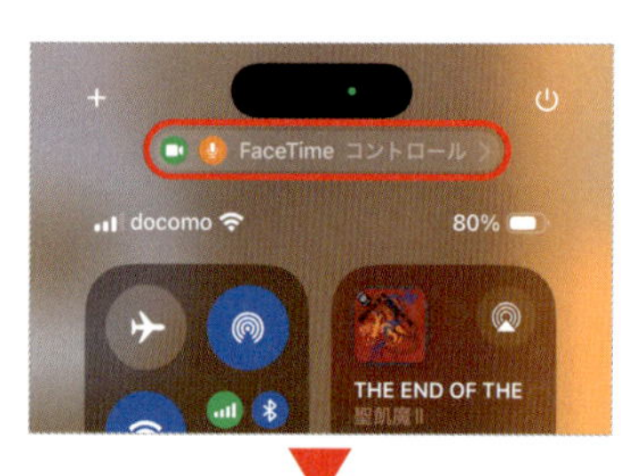

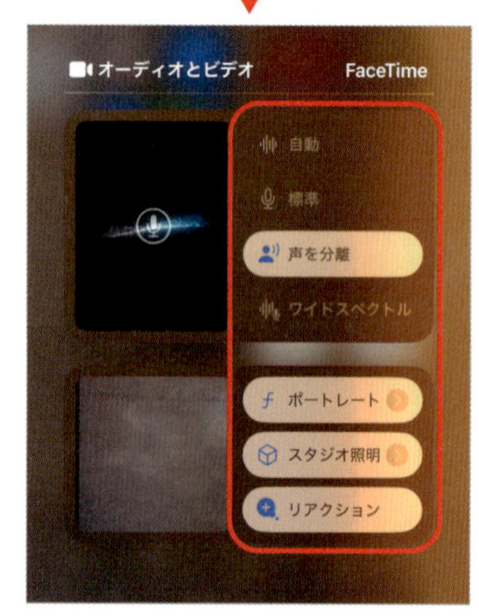

FaceTime使用中に、コントロールセンター上部のコントロールをタップすると、オーディオとビデオの設定ができます。「声を分離」や「リアクション」のオン／オフができます（P.128参照）

リアクションはハンドジェスチャでエフェクトを表示できます。片手でピースサインを出すと、風船が飛びました。両手でピースサインを出すと、紙吹雪が舞います

MEMO

応答がない相手に ビデオメッセージを残す

相手がビデオ通話に参加できないときは、ビデオメッセージを残すことができます。画面に現れる「ビデオ収録」をタップして録画して送信します。「リアクション」も使えるので、楽しいメッセージを残せますよ。

両手で人差し指と小指を立てたジェスチャで背景にレーザービームが飛び交い、ハートを作るとハートマークが飛び出します。マジメなビデオ会議では「リアクション」をオフにしておきましょう

リアクションはジェスチャ以外でも利用できます。通話中に自分のプレビュー画面を長押ししてメニューを開き、アイコンをタップすると、自分の背景に表示されます

070 「声を分離」を使って

こちらの騒音を抑えて通話

周囲が騒がしい状況での通話で、聞き取りづらかったり、相手が何度も聞き返してきたりする場面で試したいのが、「声を分離」です。これは、声と周囲の音を切り離し、声を優先的に拾って周囲の騒音を遮断する機能で、声はクッキリ聞こえやすく、周囲の雑音は抑えた状態で相手に伝わります。通常は、状況に合わせて判断してくれる「自動」にしておいて、聞こえづらいと感じたら「声を分離」をオンにするといいでしょう。

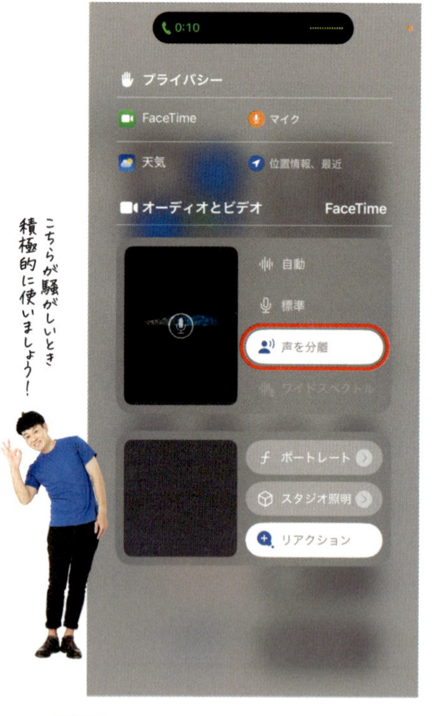

1 呼び出し中か通話中にコントロールセンターを開きます。画面上部の「○○○：コントロール」をタップします。FaceTimeや電話、LINE通話、Zoomなどでも有効です

2 次の画面の「オーディオとビデオ」で、「声を分離」をタップします。周囲の音を拾う「ワイドスペクトル」は複数人が参加する会議などでも有効ですが、電話では使えません

071 なぜか気持ちが落ち着く「バックグラウンドサウンド」

周囲の話し声やキーボードの打鍵音など、普段は気にならない音が、仕事や勉強で集中したい状況では、ものすごく気になってしまうことがあります。そんなときに助けになりそうな機能が「バックグラウンドサウンド」です。

例えば、「ブライトノイズ」は、赤ちゃんを寝かしつけるときに効果があるようです。ボクが税理士試験の勉強をしていた頃、電車の音を録音して聴いていました。自分に心地いい音を選んで集中力を高めましょう。

く 戻る　バックグラウンドサウンド

バックグラウンドサウンド

不要な雑音を覆い隠すためのバックグラウンドサウンドを再生します。これらのサウンドは、気が散ることを最小限に抑え、集中したり、落ち着いたり、休んだりするときに役立ちます。

サウンド　たき火 >

"たき火"の音量　53

メディアの再生中に使用

メディアの音量　20

サンプルを再生

ロック中にサウンドを停止

有効にすると、iPhoneがロックされたときにバックグラウンドサウンドが停止します。

1 「設定」アプリの「アクセシビリティ」➡「オーディオとビジュアル」➡「バックグラウンドサウンド」でサウンドを選べるほか、ロック中に停止するかどうかを選択できます

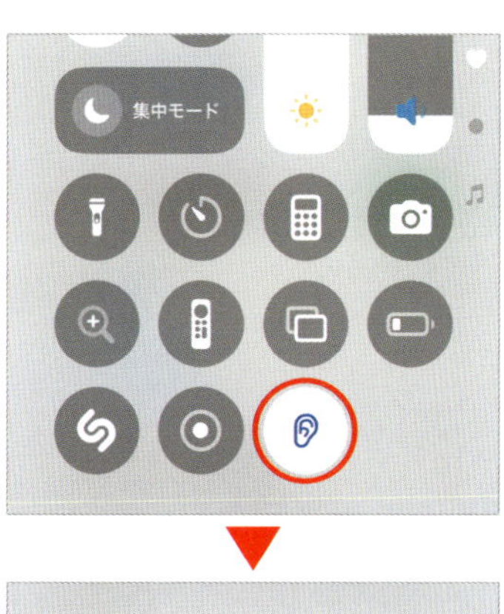

2 「バックグラウンドサウンド」のオン／オフは、コントロールセンターの耳のアイコン➡音符のアイコンで行えます。[バックグラウンドサウンド] をタップすれば調節も可能です

072 自分の時間を守るため「集中モード」を活用しよう

仕事中に調べ物をしようとして、うっかりSNSを見てしまうことはありませんか？ そんなときは、「集中モード」が有効です。

例えば、集中モードが「仕事」のとき、プライベートなメールが届いても単に通知がミュートされるだけでなく、「メール」アプリを開いても存在しないという設定も可能です。ほかにも「Safari」を起動すると仕事用のプロファイルを開いたり、「カレンダー」には業務スケジュールだけを表示すると

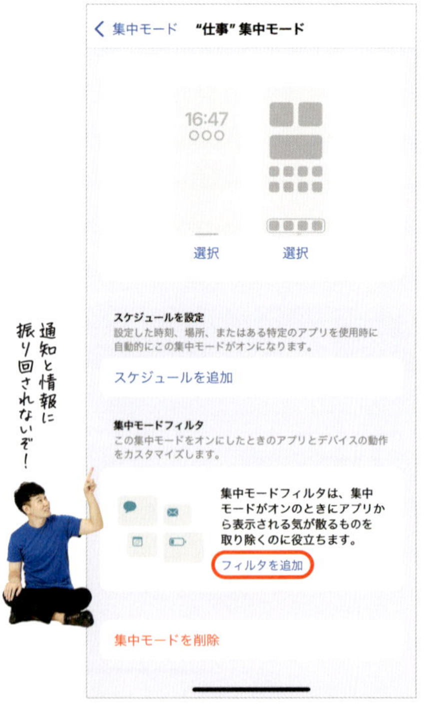

1 「設定」アプリで「集中モード」を開きます。「おやすみモード」「仕事」「パーソナル」などのモードから、設定するモード（ここでは「仕事」）を選択します

2 「仕事」集中モードの設定画面を「集中モードフィルタ」までスクロールして、「フィルタを追加」をタップします。なお、フィルタ以外の通知や画面設定は、ここで行います

いったこともできます。

　このように気が散る要因をフィルタリングしてくれるので、仕事や勉強に集中したい人にオススメです。でも一番のオススメは、睡眠時間中に通知が来ない「おやすみ」モードです！

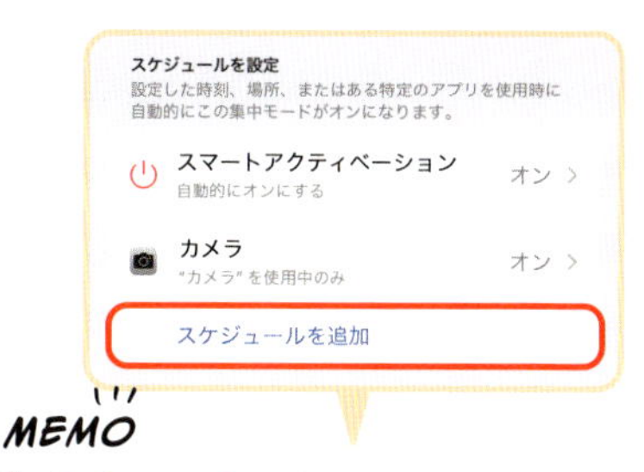

MEMO

特定のアプリを起動中に設定する

「集中モード」のスケジュール機能は、時間だけでなく、特定のアプリを起動中に集中モードを実行できます。例えば、動画の撮影中の通知や着信を拒否したい場合、「カメラ」アプリを設定すればOKです。

3 フィルタを適用するアプリ（ここでは「メール」）をタップし、フィルタリングするメールアカウントを選択すると、そのアカウントの新着メールだけを読み込みます

4 「仕事」集中モードがオンになると、指定外のメールボックスに集中モードアイコンが表示され、「全受信」メールボックスには指定したアカウントのメールのみ表示されます

073 「Apple Pay」の支払いで優先するメインカードを決める

iPhoneでの支払いが当たり前になり、財布を忘れても一日過ごせるようになりました。でも、複数のカードを登録していると、使いたいカードとは異なるカードが現れてイラっしませんか？ この現象が起こりがちな人は、「ウォレット」アプリでよく使うカードをメインカードに設定しておきましょう。これで、カードを選び直す手間が減り、サイドボタンの2度押しからタッチでの決済まで、流れるように操作できるようになりますよ。

1 「ウォレット」アプリを起動すると、カードやチケットが表示されます。そのとき最前列にあるのがメインカードです。別のカードに変更するときは、ドラッグして入れ替えます

2 メインカードの変更完了を知らせるウインドウで「OK」をタップします。「設定」アプリの「ウォレットとApple Pay」➡「メインカード」でも設定の変更ができます

074 海外の最新ニュースはiPhoneに翻訳してもらおう

世界のiPhone事情が気になるボクは、日夜インターネットで情報収集します。とはいえ、その言語が読めなくては意味がありません。そこで活躍してくれるのが、「翻訳」機能です。英語を始め、スペイン語や中国語など、多くの言語に対応しているので、文字どおり世界中のニュースが読めるんです。

この機能は「テキスト認識表示」(P.194、195参照)でも利用できるので、文字列にカメラを向ければ、案内板やメニューなども翻訳してくれますよ。

1 テキストを範囲選択し、メニューから「翻訳」をタップします。「翻訳」が見つからない場合は、左右に移動してみましょう。この機能はテキストを扱うアプリであれば利用できます

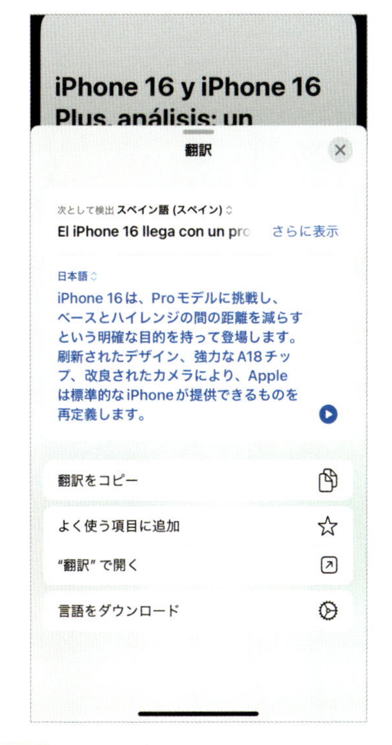

2 指定した範囲が翻訳されました。ここでは翻訳文のコピーや言語の変更も可能。また、文章の読み上げや、そのまま「翻訳」アプリ(P.195参照)で開くこともできます

075 スキャンするならカメラではなく「ファイル」アプリの出番

印刷物などをメモ代わりに撮影する場面で、「カメラ」アプリを使う人をまだよく見かけます。写真ではなく資料としてスキャンするなら、圧倒的に「ファイル」アプリが便利です。撮影時に多少斜めになったり、ゆがんだりしていても、撮影後に形を補正してくれます。色補正もかかっていて、文字が読みやすい仕上がりになります。

また、「自動」と「手動」の2つのモードがあり、大量にスキャンしたいときには、書類を認識したら自動的に

1 「ファイル」アプリを起動して、右上のメニューから「書類をスキャン」をタップします。うまくスキャンするコツは、なるべく背景がスッキリしたところに被写体を置くことです

2 書類が自動認識されます。多少斜めでも問題ありません。初期状態は「自動」になっており、自動的に撮影されます。「手動」では、一枚ずつ確認してシャッターボタンをタップします

スキャンして「スキャン保持」してくれる「自動」が便利です。三脚などでiPhoneを固定しておけば、書類を差し替えながらどんどんスキャンできますよ。「手動」では、スキャンしたときに四隅の調整などが可能です。

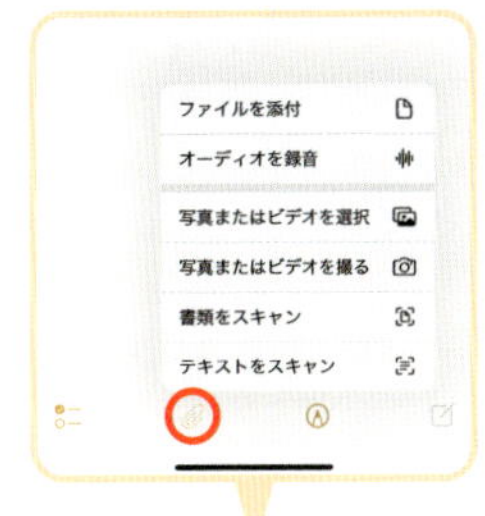

MEMO

「メモ」アプリでもスキャンは可能

書類などのスキャンは、「メモ」アプリのクリップのアイコンからでも可能です。操作はほぼ同じですが、「メモ」アプリの場合は、そのままメモに貼り付けられます

3 「手動」では、撮影後に四隅をドラッグして微調整できます。丸印の上ではなく、近くに指を置いてドラッグするのがコツです。OKなら「スキャンを保持」をタップします

4 左下のサムネールをタップし、必要があればトリミングや色調整をして「完了」をタップ。撮影画面に戻って右下の「保存」をタップし、保存場所を指定して保存すれば完了です

076 容量不足のご相談は「iPhoneストレージ」まで！

多くのiPhoneユーザーが悩む、空き容量不足。サイズの大きなアプリが潜んでいたり、同じファイルがたくさんあったりと、長年iPhoneを使っていると、その原因もハッキリしなくなってきます。そんなときは「iPhoneストレージ」に相談してみましょう。これは、ストレージの状況を可視化し、削除すべきデータを提案してくれる機能。「おすすめ」の対策を提案してくれるほか、アプリが使用しているデータサイズをチェックできます。

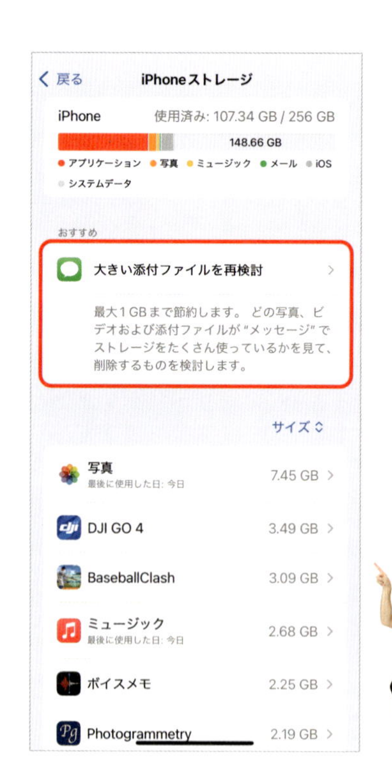

1 「設定」アプリの「一般」➡「iPhoneストレージ」で、ストレージの状況や容量を減らす提案が表示されます。「メッセージ」アプリの添付ファイルの削除が提案されました

対策が見つかれば提案してくれます！

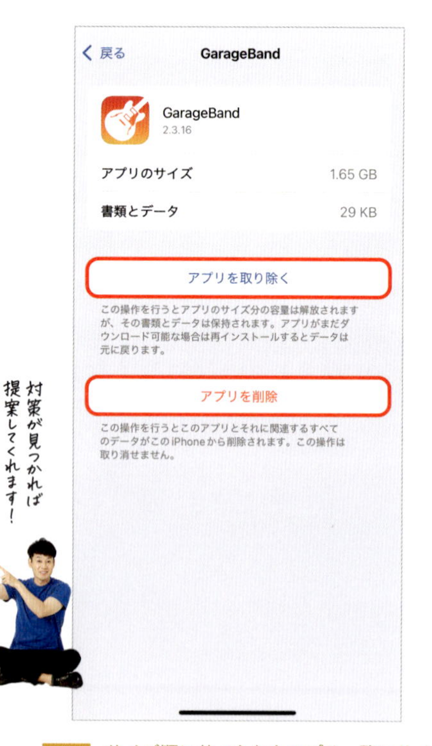

2 サイズ順に並べられたアプリ一覧でサイズの大きなものを確認し、不要なものがあればタップします。次の画面で一時的に取り除くか、完全に削除するかを選択できます

077

火 24

カレンダーの新機能! ジェスチャで予定を確認

「カレンダー」アプリの月表示は、全体の予定を見渡せて便利な一方、詳細を見るには、タップして確認する必要がありました。ところが、iOS 18では、画面のピンチアウト／ピンチインで表示を拡大／縮小できるようになったんです。この機能のおかげで、指を使って表示枠を拡大すれば時間や場所などの詳細枠がその場で確認できます。逆に、リスト表示では拡大・縮小できない代わりに、タップした日付の予定が表示されます。

月表示では「コンパクト」「スタック」「詳細」の三段階の表示がありますが、ピンチアウト／ピンチインで切り替えが可能です。詳細では、予定の時間なども表示されます

上部のアイコンをタップすると、月表示とリスト表示を切り替えられます。リスト表示では上部のカレンダーの日付をタップすると、下にその日の予定が一覧表示されます

米国アップルの発表会に招待されました！［発表会編］

iPhone 16シリーズが発表された2024年9月9日（米国）、何と米国のアップル本社からご招待いただいて、新型iPhone発表会の会場にいました！ 数年前に工事中のApple Parkに観光で訪れたことはあったのですが、まさか建物内に招待していただけることになるとは夢にも思わなかったです。その模様をお伝えします。

発表会場であるスティーブ・ジョブズ・シアターに入ると、階段を降りて地下にあるシアター内に座りました。発表会のストリーミングではわからなかったのですが、実は会場内の大型モニターの前にティム・クックCEOが登場し、来場者へのあいさつがあってから基調講演がスタートしました。もうこれだけでテンションMAXでしたね（笑）。

発表会が終わると、会場内の大きな壁が取り払われ、iPhone 16シリーズなどの新製品が並ぶスペースに案内され、実際に触れることができました。かつて誰よりも早く新型iPhoneを触るために、発売日の10日前からApple Storeに並んだ経験のある身からすると、夢のような光景です。こうして、世界で一番早く新型iPhoneに触れたメンバーの仲間入りを果たし、使用感などをYouTubeなどで報告しました。

アップルの発表会は、演出から建物の造形美から、隅々までアップルらしさが表現され尽くしている印象で、本当に素晴らしい体験になりました！

新OSの機能でデータを守れ！ iPhone防御・防衛テクニック

078 パスワードから確認コードまで専用アプリで一元管理！

iOS 18で新たに追加された「パスワード」アプリは、「設定」アプリに組み込まれていた機能がアプリとして独立したものです。パスワードやパスキーなど、アプリやWebサービス、Wi-Fiのログイン情報などを一元管理できるようになりました。もちろん、安全性の低いパスワードを教えてくれる機能も健在です。

今回特に使いやすくなったのが、短時間で番号が切り替わる「ワンタイムパスワード」へのアクセスです。「パス

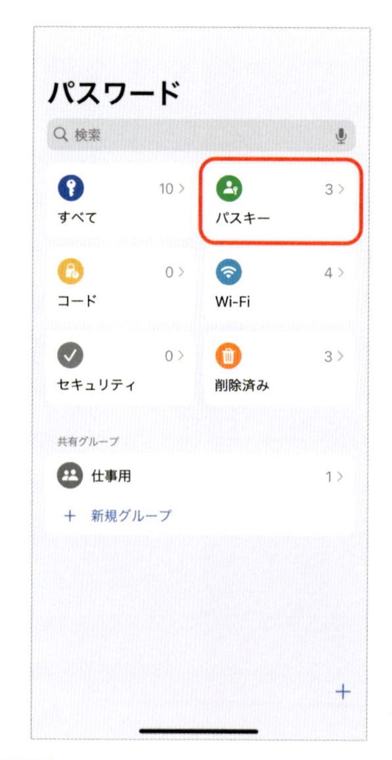

1 アプリをタップして生体認証をパスすると、起動します。各カテゴリーからパスワードにアクセスするほか、サービス名で検索できます。ここでは「パスキー」をタップします

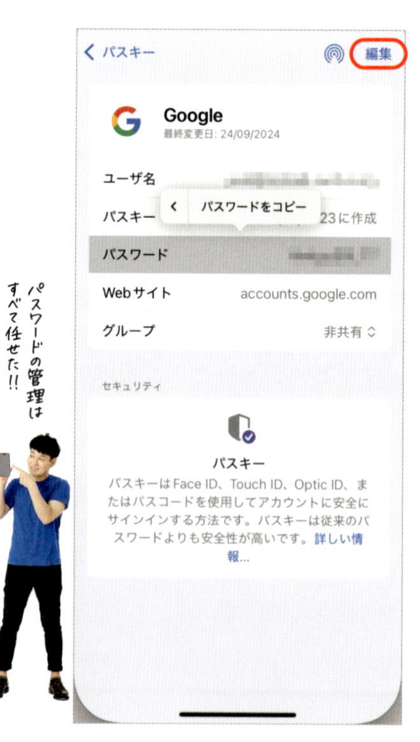

2 個別のパスワードの画面では、これまでどおりパスワードの内容確認やコピー、AirDropでの転送などができます。内容を追加・変更するには「編集」をタップします

ワード」アプリ初期画面の「コード」では、２段階認証に対応したアプリやWebサイトの認証アプリとしても使えるようになったんです。生まれ変わった「パスワード」で、データや個人情報を安全に管理しましょう。

MEMO

Windowsでも「パスワード」が使える?

Windows用のiCloudアプリを使って「iCloud Password」が利用できます。その場合、iPhone側でもiCloudキーチェーンを有効にしておきましょう(P.146参照)。なお、現状Androidでは利用できません。

3 編集画面で、「パスワードを変更...」をタップすると、アプリやサービスのWebページに移動します。また、２段階認証の確認コードの設定は「コードを設定」で行います

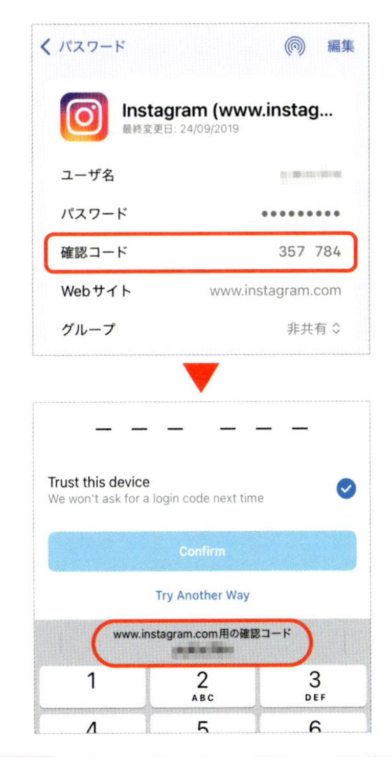

4 所定の手続きのあと、確認コードを管理します。次回以降そのサービスのログイン時には、キーボードの上に表示される候補をタップして確認コードを自動入力できます

079 本物のアドレスは隠して守る「メールを非公開」の使い方

アプリやWebサービスをちょっと試したい。でも、試用のために自分のメールアドレスを登録するのはイヤだな……と思うことありませんか？ その悩みを解決するのが、「iCloud+」の機能「メールを非公開」です。これは、iCloudメールにひも付いたランダムなアドレスを生成する機能で、本物のアドレスを隠す覆面アドレスとして利用できるんです。

アドレスは「メールを非公開」の画面で作成できるほか、アカウント登録

「設定」アプリで作成

1 「メールを非公開」用アドレスを事前に作成するには、「設定」アプリの自分の名前➡「iCloud」➡「メールを非公開」で「新しいアドレスを作成する」をタップします

2 「○○○○@icloud.com」というアドレスが自動生成されます。「続ける」をタップしてラベルを付けて保存します。「別のアドレスを使用する」で作り直しや追加もできます

時の「Appleでサインイン」やメールの新規作成時にも作成可能です。作成したアドレスは「メールを非公開」の画面で管理します。なお、転送先の停止、アドレスの削除を行うと、そのアドレス宛のメールは差出人に戻されます。

MEMO

メールの差出人も非公開

メールの差出人のアドレスを非公開にしたいときは、差出人の入力欄をタップして、メニューから「メールを非公開」をタップします。作成したアドレスはiCloudの「メールを非公開」で確認できます。

アカウント登録時に作成

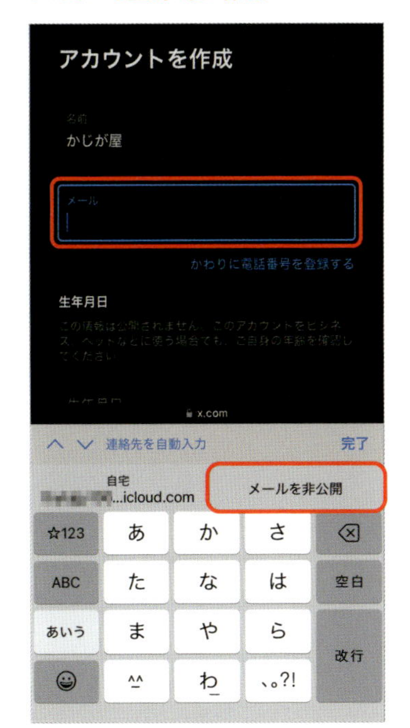

1 Webサービスなどのアカウント登録画面で作成する場合は、メールアドレスの入力欄をタップし、キーボード上に表示される「メールを非公開」をタップします

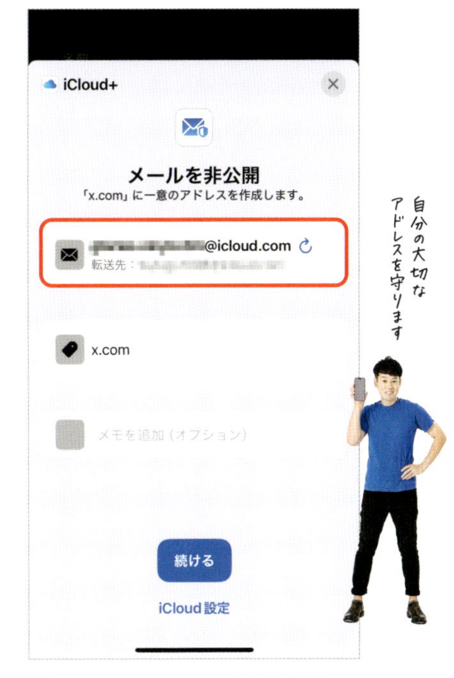

2 ウィンドウが開いて、「○○○○@icloud.com」のアドレスが生成されます。リロードアイコンで作り直しも可能。「続ける」➡「使用」をタップして完了です

080 「連絡先」へのアクセスをアプリごとに制御する

SNSや通信アプリを利用すると、「連絡先」へのアクセスを要求されることがあります。これは、同じアプリを使っている連絡先を見つけるのが目的ですが、これまでユーザーが選べるのはアクセスの許可か拒否の二択でした。そのため、許可すればアプリを使っている友だちと簡単につながれる一方で、職場の上司に見つかってしまうなどのリスクもありました。でも、もう大丈夫。これからは、アクセス可能な連絡先を個別に選べばOKです！

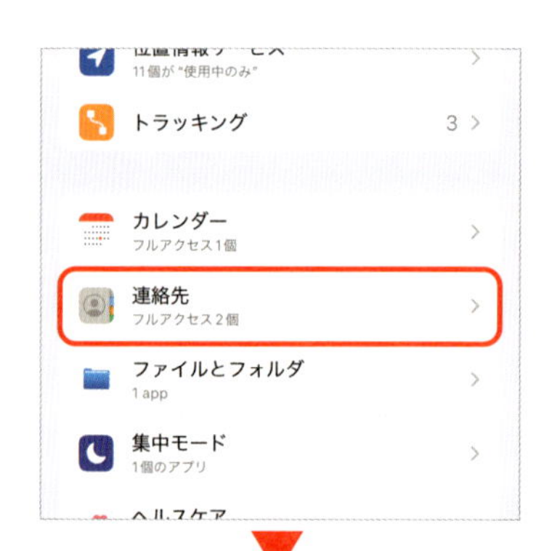

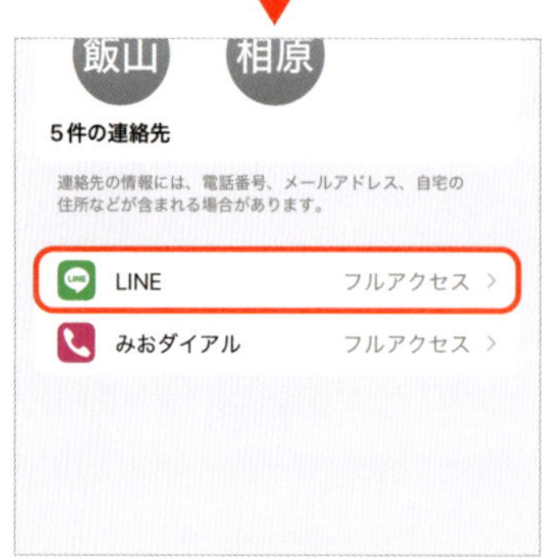

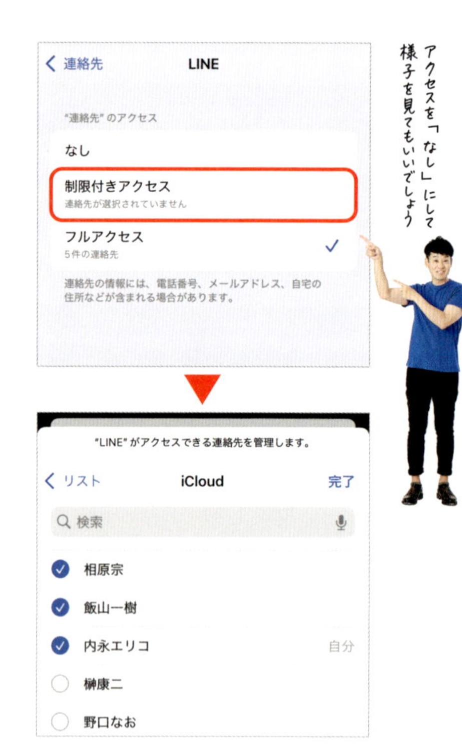

1 「設定」アプリ➡「プライバシーとセキュリティ」➡「連絡先」で、連絡先にアクセスしたアプリのリストから設定を見直したいアプリをタップします

2 「制限付きアクセス」に切り替える場合、「連絡先」に登録されたリストが開くので、アクセスを許可する連絡先を選択します。連絡先の「リスト」から選ぶこともできます

081 マイクやカメラの止め忘れ!? 画面の上部をチェックしよう

iPhoneを使っていて、画面の上の方に緑色やオレンジ色の光が点灯していることに気付いたことはありませんか？ これは、録音や撮影、画面収録など、マイクやカメラが動作中であることを示しています。

忘れがちなオンライン会議の収録も、iPhoneの画面上部を注意して見るようにすれば、止め忘れに気付けます。また、アプリが勝手にマイクやカメラを使っている場合、アプリを特定して止めることもできますよ。

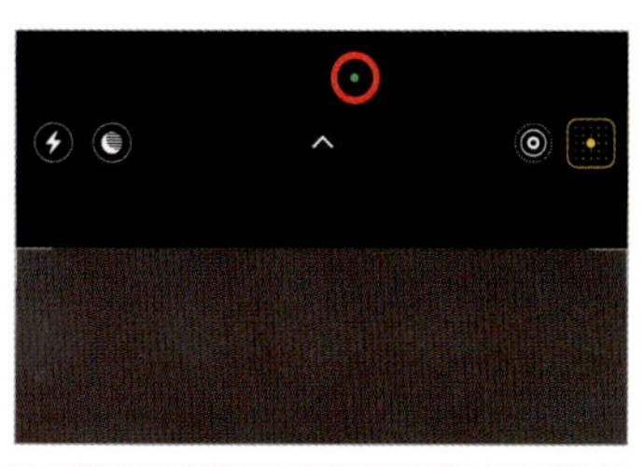

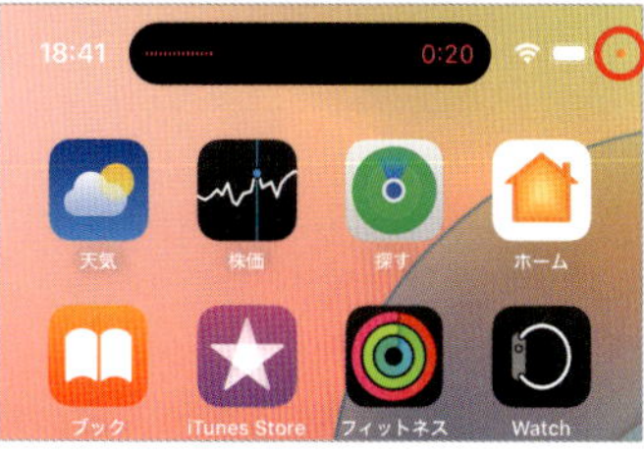

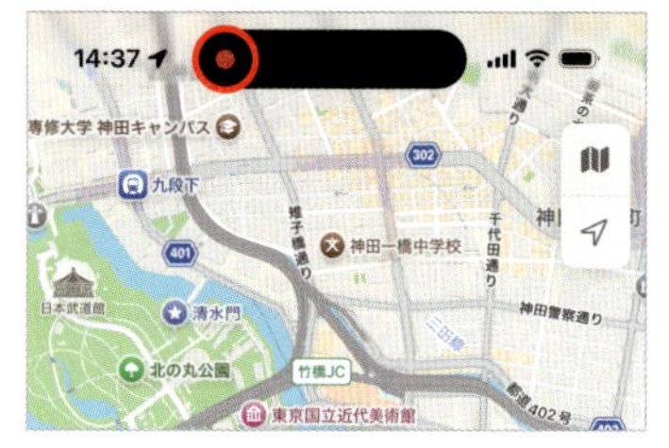

カメラが起動すると緑色、マイクはオレンジ色のインジケーターがそれぞれ点灯します。また、画面収録中は左側に赤色のランプが点灯します。この部分を注意して見てみましょう

インジケーター点灯中にコントロールセンターを開くと、どのアプリによるものか確認できます。またダイナミックアイランド対応アプリでは、収録停止の操作も可能です

082 機種変更もこれで安心! パスワード管理もiCloudで

iPhoneのパスワード管理を一手に引き受けてくれるのが、iOS 18で搭載された「パスワード」アプリ（P.140参照）ですが、それをさらに強化する「iCloudキーチェーン」も忘れずにオンにしておきましょう。

この機能は、パスワードやパスキーの認証情報をiCloudで管理するため、同一Apple Accountでサインインしている複数のAppleデバイス間でパスワードが共有できます。例えば、iPhoneで保存したパスワードをiPadで

1 「設定」アプリ上部の名前をタップし、「iCloud」➡「パスワード」を選択。iCloudパスワードとキーチェーンの画面で「このiPhoneを同期」をオンにします

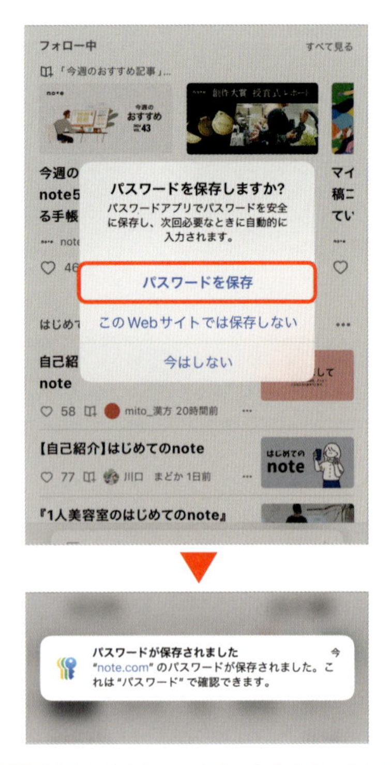

2 Webサイトのアカウントを作成、または未保存のアカウント情報を入力します。iCloudキーチェーンへの保存を聞かれたら、「パスワードを保存」をタップします

入力するなんてことができるんです。

なお、よく似た機能にSafariの「自動入力」があります。こちらは、あらかじめ設定しておくことで、自分の連絡先情報やクレジットカード情報が自動で入力できるようになります。

MEMO

パスワードの保存

Webサービスなどでパスワードを作成する際に「強力なパスワード」を自動生成した場合は自動で保存されるので、保存を確認するメッセージは表示されません。

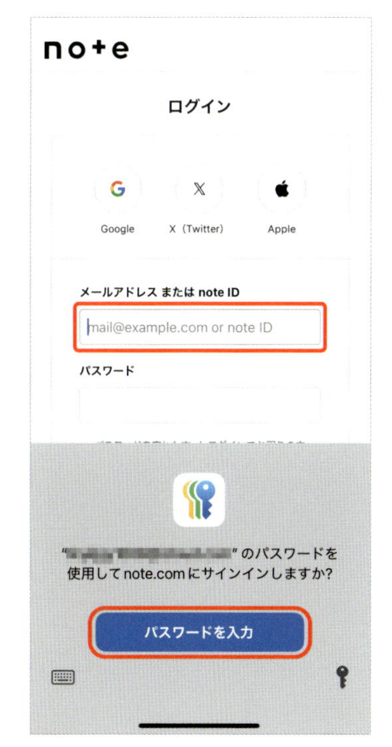

3 ログイン画面でIDやパスワードの入力エリアをタップし、画面下部の「パスワードを入力」をタップ。続いてFace IDなどで認証するとログインできます

Safariの自動入力

Safariの自動入力は、「設定」アプリの「アプリ」➡「Safari」➡「自動入力」で各項目をオンにします。以降は、入力フォームなどで対応する情報が自動で入力されるようになります

083 カスタムパスコードでiPhoneをしっかりガード

iPhoneを開くときの最初のガードとなるパスコード。大切な情報を守るためにも、パスコードの設定は欠かせません。このパスコード、初期設定では6ケタの数字ですが、ケタ数を増やしたり英字を混在させたりと、より複雑にカスタマイズできます。ケタ数もわからなくなるので、その点も強力です。

Face IDの利用にもパスコードの設定は必須。iPhoneの基本となるセキュリティ対策なので、しっかり対策しましょう。

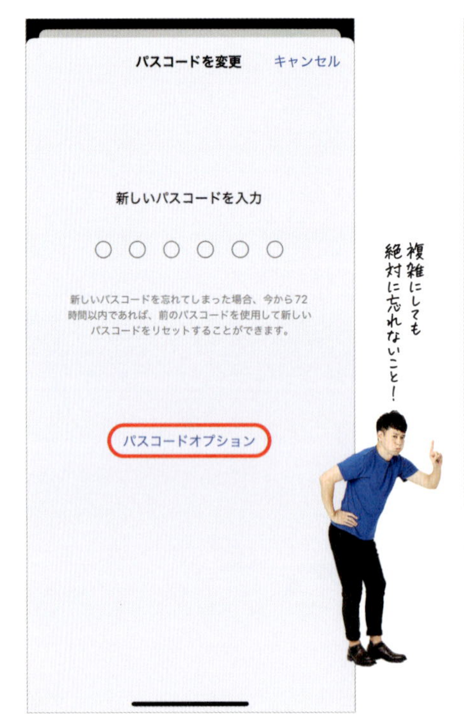

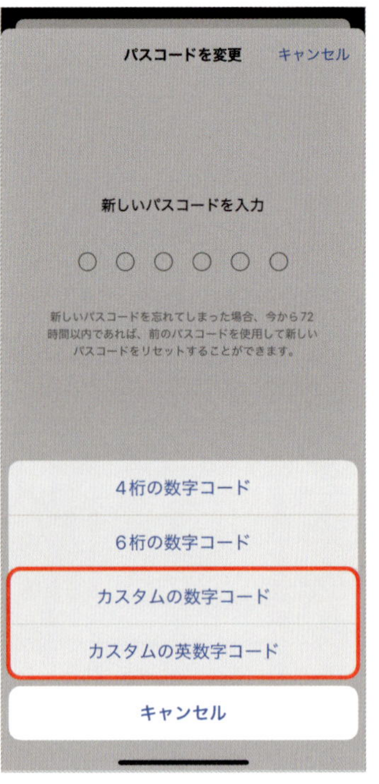

1 「設定」アプリで「Face IDとパスコード」➡「パスコードを変更」をタップし、現在のパスコードを入力。新しいパスコードの入力画面で「パスコードオプション」をタップします

2 選択可能なオプションのうち、「カスタムの数字コード」はケタ数を増やすことができます。「カスタムの英数字コード」は数字と英字が混在するコードが設定できます

084 変更したパスコードを忘れた! 72時間以内なら助かります

セキュリティ強化のために変更したパスコードを忘れてしまった……。でも大丈夫! パスコード変更後72時間以内に気付けば、変更前の旧パスコードを使ってiPhoneのロックは解除できるんです。ただし、生体認証を使っていると、忘れたことに気付かないこともあるので注意が必要です。

古いパスコードでロックを解除したあとは、パスコードのリセット画面に移行します。ここで設定する新しいパスコードは忘れないように!

1 ロック画面で間違ったパスコードを複数回入力すると、一時的にロックがかかります。そこで、画面右下の「パスコードをお忘れですか?」をタップします

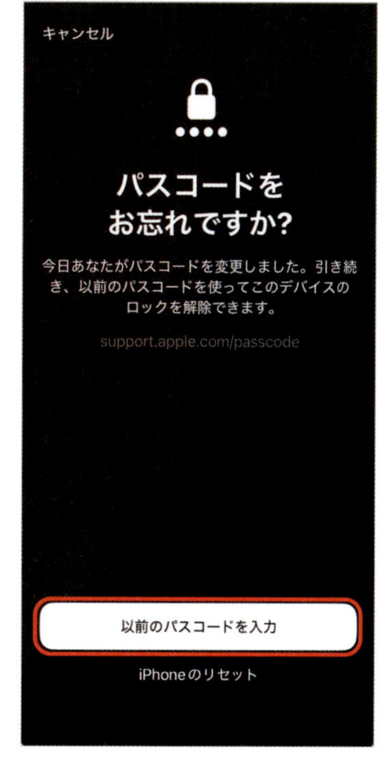

2 「以前のパスコードを入力」をタップしてロックを解除します。なお、変更から72時間以上が経過した場合、iPhone自体をリセットすることになるので注意が必要です

085「強力なパスワード」をルールに合わせて編集する

iPhoneで自動で生成してくれる「強力なパスワード」は、Webサービスの新規登録時に便利な機能ですが、それが登録できないことがあります。多くは、長すぎる文字列や使えない記号が入っていること、逆に必須の記号が入ってないことが原因です。

登録できないときは、生成されたパスワードを編集しましょう。サイトごとに設けられた制約に合わせて自分で内容を調整できるので、セキュリティを保ちながら安全に登録できます。

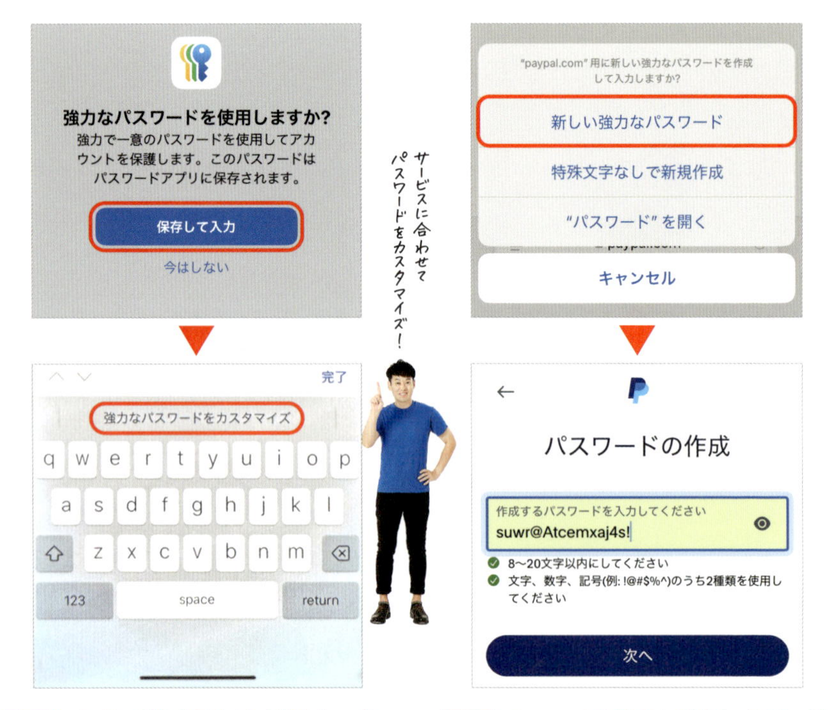

1 パスワード作成画面で入力欄をタップし、強力なパスワードが生成されたら「保存して入力」をタップ。次の画面でパスワードをタップすると表示される「強力なパスワードをカスタマイズ」をタップします

2 メニューから「新しい強力なパスワード」をタップ。続いて生成されたパスワードをタップするとカーソルが表示されるので、そのまま文字列を編集します。使用可能な記号など、条件を確認しましょう

086 画面ロックでさらに安心!「プライベートブラウズ」のススメ

Safariの「プライベートブラウズ」は、Webサイトへのログイン情報を保持することもなく、外部サイトから閲覧履歴を追跡されることも防いでくれるセキュリティ効果が高い機能です。その一方で、自分が閲覧していたページをそのままにしておくと、ほかの人の目に触れる可能性は残ります。とにかく誰にも見られたくないという人は、プライベートブラウズ機能にロックをかけておきましょう。これで自分だけがブラウズできるようになります。

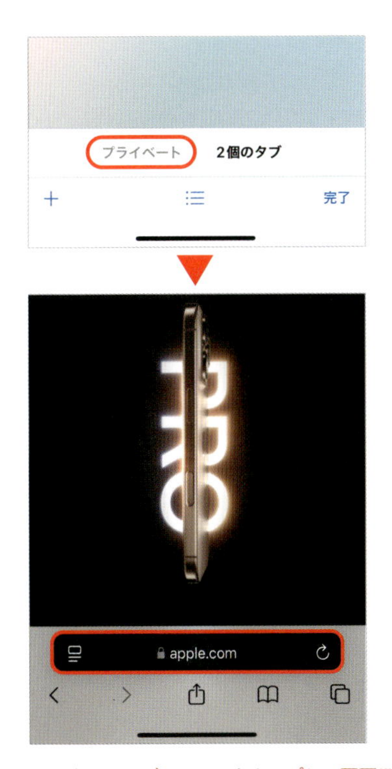

Safariで右下のタブアイコンをタップし、画面下に表示された「プライベート」をタップ、または右方向にスワイプします。プライベートブラウズ中は、URL欄が黒地に白文字になります

「設定」アプリの「アプリ」➡「Safari」➡「プライベートブラウズをロック解除するにはFace IDが必要」でオン/オフを切り替えます。オンにすると、ロックの解除にFace IDの認証が必要になります

087 信頼する人にデータを託す「デジタル遺産プログラム」

もはや単なる携帯電話以上の存在になっているiPhone。自分に何かあったとき、これまで蓄積したデータはどうなるのでしょうか？ アップルでは、Apple Accountにひも付いたデジタルデータを信頼できる個人に託す「デジタル遺産プログラム」を用意しています。信頼できる家族や友人をアカウント管理連絡先に指定し、指定された人はアクセスキーを使って故人のアカウントへのアクセス権、またはアカウント削除の申請をする仕組みです。

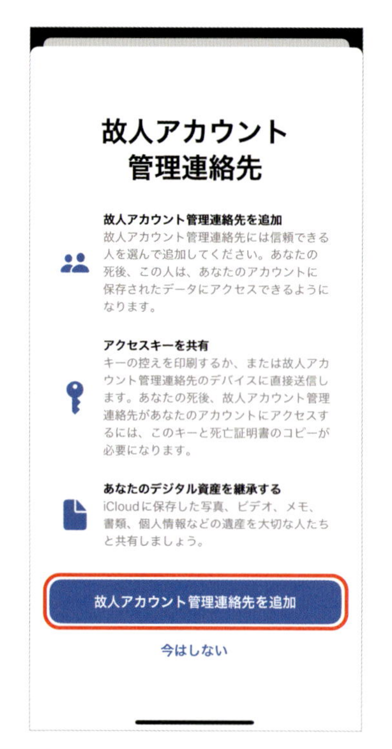

1 「設定」アプリ上部の名前をタップし、「サインインとセキュリティ」➡「故人アカウント管理連絡先」をタップします。画面の指示に従って、管理者になってもらう連絡先を追加します

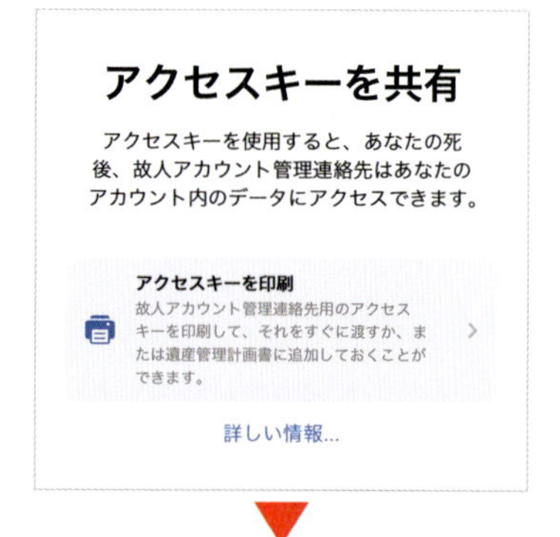

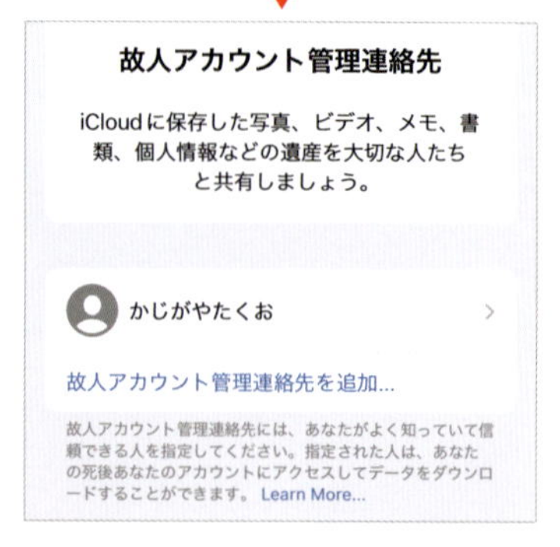

2 管理者に発行されるアクセスキーは、メールやメッセージで送信、または印刷して渡すことができます。管理連絡先の追加や削除はこの画面で操作できます

088 プライバシー重視なら写真の位置情報は曖昧にする

iPhoneで撮影した写真には、撮影場所の位置情報が付加されます。旅先で撮った写真を地図で確認するのは楽しいものですが、写真をそのまま第三者に渡してしまうと、自宅の住所などがバレる可能性があります。

プライバシーが気になる人は、「正確な位置情報」の設定をオフにするといいでしょう。写真にはおおよその場所だけが記録されるようになります。なお、撮影済みの写真の位置情報を調整・削除することも可能です。

「設定」アプリの「プライバシーとセキュリティ」➡「位置情報サービス」➡「カメラ」で「正確な位置情報」をオフにします。以降、撮影する写真の位置情報は大雑把になります

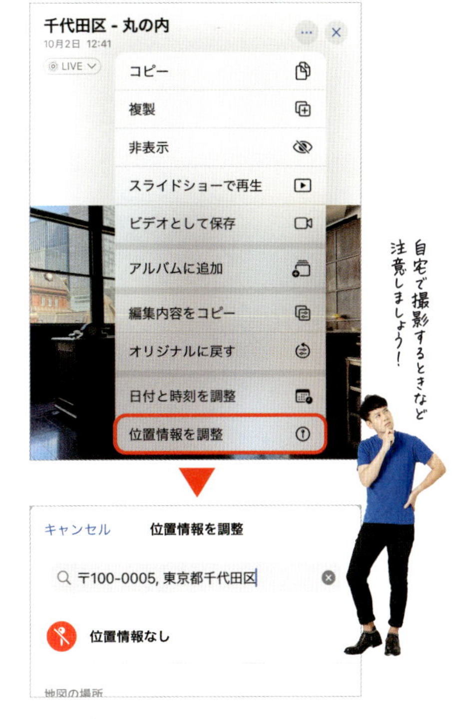

「写真」アプリで写真を開き、右上のメニューから「位置情報を調整」または写真をスクロールして地図の右下にある「調整」をタップすると、位置情報の削除や変更ができます

089 写真の簡単な加工でサムネール表示を撹乱するワザ

他人にiPhoneの写真を見せるとき、「写真」アプリでサムネールを見られるのって、ちょっと恥ずかしくないですか？ そんなときは、写真に簡単な細工を施して何の写真かわからなくしてしまいましょう。

使用するのは、「写真」アプリの編集ツール「切り取り」です。切り取りは、写真の見せたい部分を大きく切り出してトリミングしたり、写真のアスペクト比を変更したりする機能。このワザを利用して、何が写っているのかわか

1 「写真」アプリで隠したい写真を開き、「編集」アイコンをタップします。アップルパークではしゃぎすぎて撮ってしまったトイレの写真を隠したいと思います（笑）

2 「編集」画面に切り替わったら、ツールの中から「切り取り」を選びます。ちなみに切り取りツールは、画像の回転や傾きの調整、アスペクト比の変更などができます

らなくなるまで写真の一部を拡大して切り取ります。これで他人にライブラリを見られても気になりません。必要なときには、すぐに元に戻せるので、気になる写真はササッと処理しておきましょう。

MEMO

編集した写真は ワンタップで元どおり

加工した写真を元に戻すのは簡単です。戻したい写真を開いて画面下の「編集」アイコンをタップし、編集画面で「元に戻す」をタップすれば元どおり！

3 フレームの四角のハンドルをドラッグしたり写真をピンチアウトで拡大したりして、切り取る範囲を指定します。最後に右上のチェックマークをタップして完了です

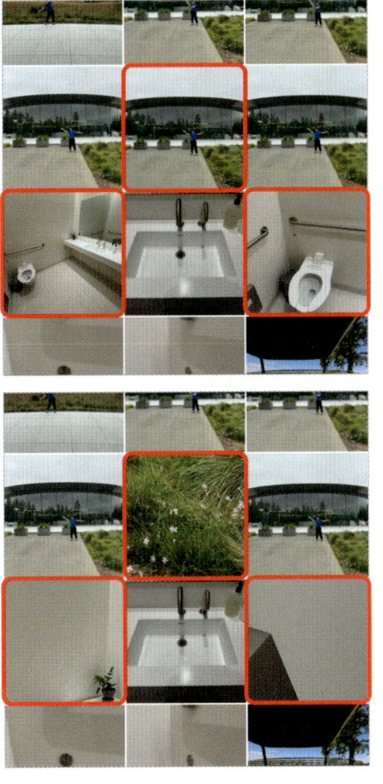

4 必要に応じてこの操作を繰り返しましょう。3つの写真の内容がわからなくなっています。サムネールはもちろん、写真を開いても何が写っているかわかりません

090 オススメされる不本意な写真は削除しないで「非表示」に

ホーム画面に配置した「写真」アプリのウィジェットから、自分がニッコリ微笑みかけてきたりしたら、びっくりしますよね（笑）。これは、アプリが自動で選んでくれるオススメの１枚なんです。ホーム画面には出したくないけど、せっかく撮った写真を削除したくはない。そんなときは、「非表示」機能を使いましょう。写真や動画を隠すだけなので、あとで簡単に戻せます。なお、「非表示」アルバムは、パスコードロックが可能です。

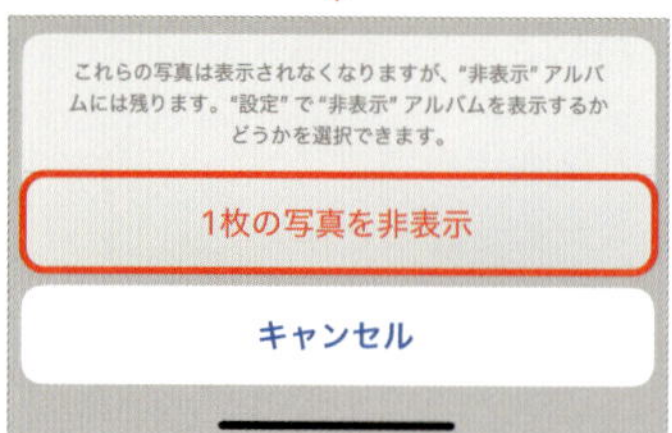

隠したい写真を開き、右上のメニューから「非表示」をタップします。確認のメッセージが表示されたら「○枚の写真を非表示」をタップ。写真は「非表示」アルバムに移動します

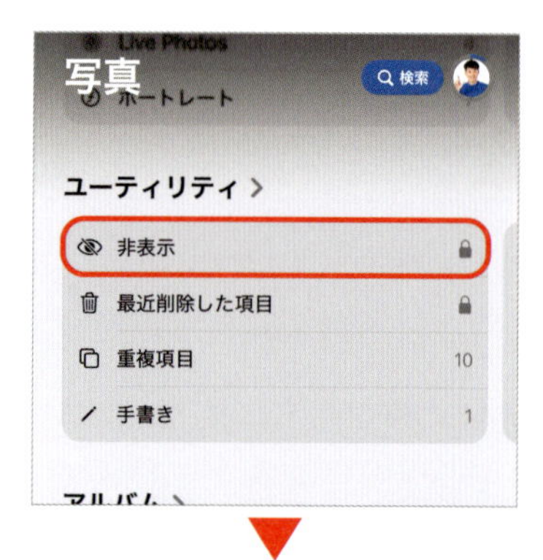

見るにはFace IDを使います

非表示を解除するには、ライブラリ画面をスクロールし、「非表示」アルバムを選択します。Face IDで認証後、写真を選択し、メニューから「非表示を解除」をタップします

091 いつもと違う場所にいるときはiPhoneのセキュリティを強化!

「盗難デバイスの保護」は、自宅や職場など定期的にiPhoneを使用する場所から離れている間、セキュリティを強化する機能です。具体的には、パスワードやカード情報を見るにはFace IDなどが必須となり、パスコードでは閲覧できません。また、Apple Accountのパスワード変更など一部の操作には、最初の認証後に1時間待ってから2回目の認証を行います。標準ではオフになっているので、今すぐオンにしておきましょう。

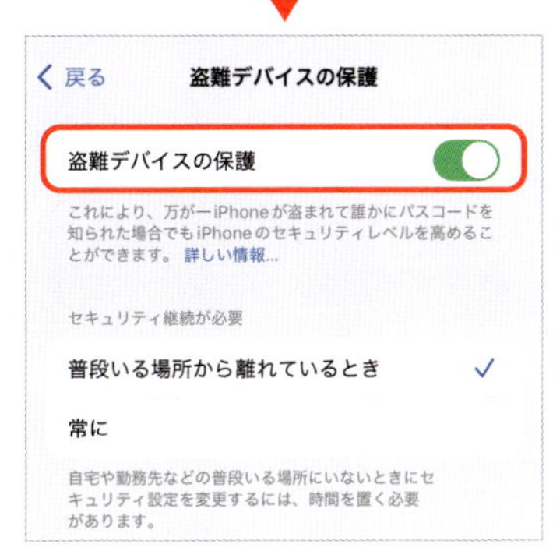

1 「設定」アプリで「セキュリティとプライバシー」または「Face IDとパスコード」➡「盗難デバイスの保護」をタップ。次の画面で「盗難デバイスの保護」をオンにします

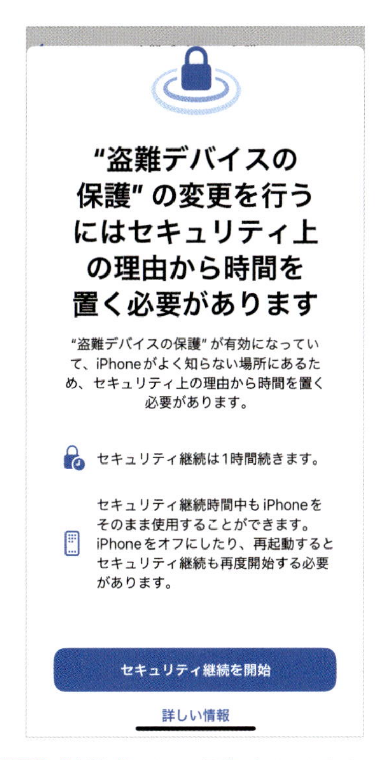

2 「盗難デバイスの保護」をオンからオフに切り替えた場合でも、セキュリティは1時間継続されます。「セキュリティ継続を開始」をタップして、操作を続けましょう

何か起きる前にオンがオススメ!

092 USB-Cポートでさらに便利！外付けストレージに保存する

iPhone 15以降、本体底面のコネクタが従来のLightningからUSB-Cに変更されました。メリットはいろいろありますが、そのひとつが、USB-Cタイプの端子を持つフラッシュメモリやポータブルSSDなどの外部ストレージをそのままiPhoneに挿して、iPhone内のデータを保存できるようになった点です。

これでiPhoneで撮り溜めた写真や動画などのデータを外付けに保存して、iPhoneのストレージを節約できます。な

USB-C接続のフラッシュメモリーやポータブルタイプの外付けSSDであれば、直接、または汎用ケーブルを使ってiPhoneに接続できます。外付けストレージにデータを避難させておけば、いざというときのバックアップにもなります

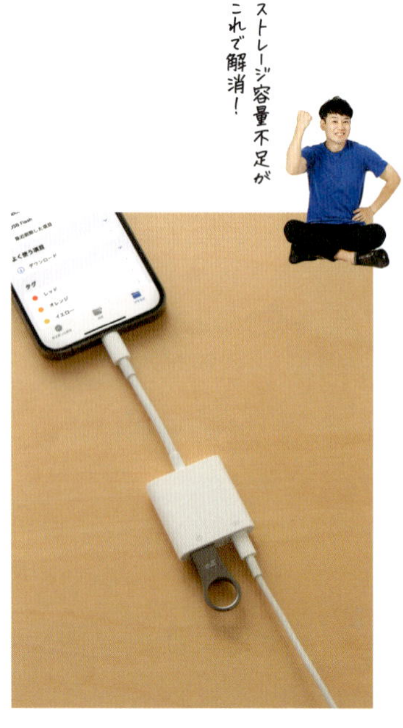

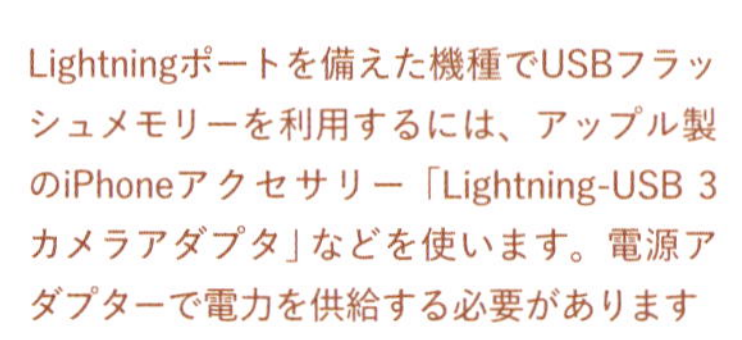

Lightningポートを備えた機種でUSBフラッシュメモリーを利用するには、アップル製のiPhoneアクセサリー「Lightning-USB 3カメラアダプタ」などを使います。電源アダプターで電力を供給する必要があります

お、iPhoneで認識できる外部ストレージは、APFS／APFS（暗号化）／macOS拡張（HFS+）／exFAT／FAT32／FATのいずれかでフォーマットされたものです。必要に応じて事前にフォーマットしておきましょう。

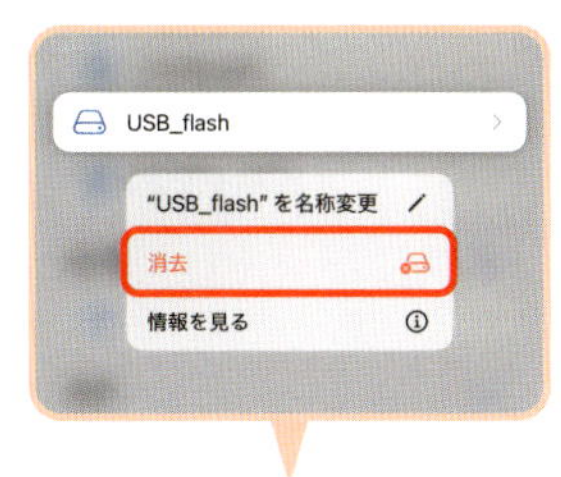

MEMO

iPhoneでもフォーマットが可能に

iOS 18では、「ファイル」アプリの場所で接続中のUSBストレージのアイコンを長押し➡「消去」でAPFS／exFAT／MS-DOSのいずれかでフォーマットが可能です。

1 写真や動画を外部ストレージに保存するには、「写真」アプリで転送したい写真を選択し、「共有」アイコンをタップ。「"ファイル"に保存」をタップして、接続中のUSBストレージを選択して「保存」をタップします

2 逆にストレージからiPhoneに転送するには、「ファイル」アプリで外部ストレージを開き、右上のメニューで「選択」をタップ。画像を選択➡「共有」アイコン➡「○枚の画像を保存」で「写真」アプリに保存されます

093 バッテリー残量がピンチ！iPhoneで給電しちゃおう

外出先でAirPodsのバッテリー残量がピンチ！ そんなとき、どうしていますか？ 実は、iPhone 15以降のUSB-Cポートを備えたiPhoneは、小型デバイスなどを充電することができるんです。例えば、Apple WatchやAirPodsの電池残量がないときは、iPhoneをモバイルバッテリーとして利用できます。USB-CとLightningではLightningに一方通行で給電され、USB-C同士であれば電池残量が少ないほうに給電されます（一部例外を除く）。

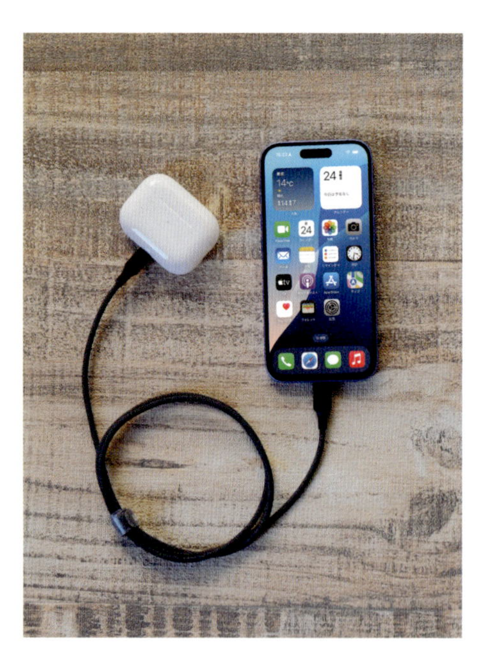

USB-Cポートを備えたiPhoneは、AirPodsやApple Watchのほか、USB Power Deliveryに対応した小型デバイスを最大4.5Wで充電できます。iPhoneがモバイルバッテリーになるわけです

iPhone同士を接続して充電することも可能です。片方がLightningポートの場合はLightning側の充電になりますが、USB-C同士であればバッテリー残量が低いほうが充電されます

094 世界中のアップル機器を味方に自分のデバイスを探そう!

iPhoneをはじめ、アップルデバイスの所在を追跡する「探す」アプリは、デバイスの紛失時や家の中で行方不明になったときにも大活躍。AirPodsやApple WatchなどiPhoneとペアリング済みの機器も捜索の対象です。デバイスの電源がオフでも探せるようにするには、「"探す"ネットワーク」をオンにしますが、これは世界中にある数億台規模のアップルデバイスが匿名のBluetoothを使って構築するネットワークが実現する壮大な機能なんです。

1 ペアリング済みのAirPodsがオフラインでも探せるようにするには、「設定アプリ」の「Bluetooth」➡デバイス横のⓘをタップして、「"探す" ネットワーク」をオンにします

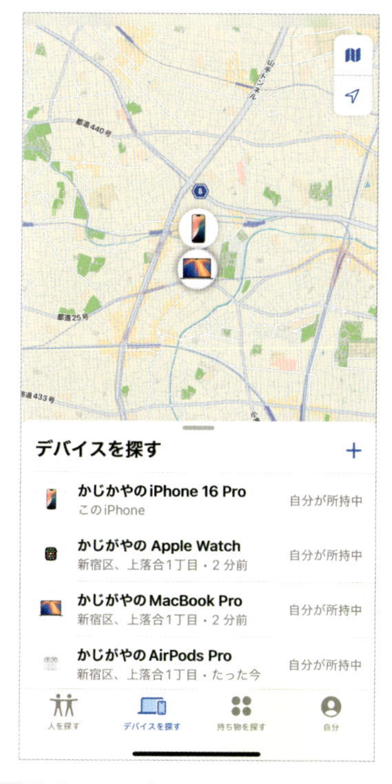

2 「探す」アプリでは、登録デバイスがどこで検知されたかをマップ上で確認できます。Macの「探す」アプリやiCloudのWebサイトからiPhoneを探すことも可能です

095 不測の事態に備えて「オフラインマップ」を用意しよう

初めて行く場所の確認や経路案内など、生活に欠かせない「マップ」アプリですが、圏外でも地図を閲覧できる「オフラインマップ」機能があるのを知っていますか？ Wi-Fi環境下で事前にマップをダウンロードしておけば、電波が弱いエリアや災害といった不測の事態で圏外になっても安心です。もちろん海外のマップもダウンロードできるので（一部地域を除く）、旅先でモバイルデータ通信を節約したいときにも役に立ちますよ。

1 「マップ」アプリでおおよその場所をピンが表示されるまで長押しし、画面下に表示される「ダウンロード」をタップ。次の画面で範囲を指定して、「ダウンロード」をタップ

2 オフラインマップを開くには、画面右下の自分のアイコンをタップし、メニューの「オフラインマップ」をタップします。オフラインマップの画面では、各種設定も行えます

096 いざというときに備えて「緊急SOS」の発信方法を確認

いざというときに備えて覚えておきたいのが、「緊急SOS」の発信方法です。サイドボタンと上下どちらかの音量調節ボタンを押し続けて「緊急SOS」の画面を表示します。「緊急電話」スライダーをスワイプする余裕もないときは、そのままボタンを押し続け、カウントダウンが0になったら指を離します。日本では、その後に表示される「警察(110)」「海上保安庁(118)」「火事、救急車、救助(119)」から発信先を選択します。

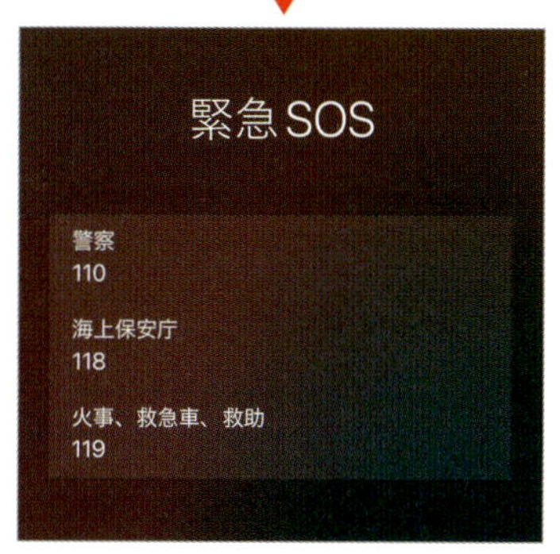

サイドボタンといずれかの音量ボタンを同時に押し続け、「緊急電話」スライダーが表示されたら指を離してスライダーをスワイプします。手がふさがってスワイプできないときは押し続けます。日本では、次の画面で発信先を選択して発信します

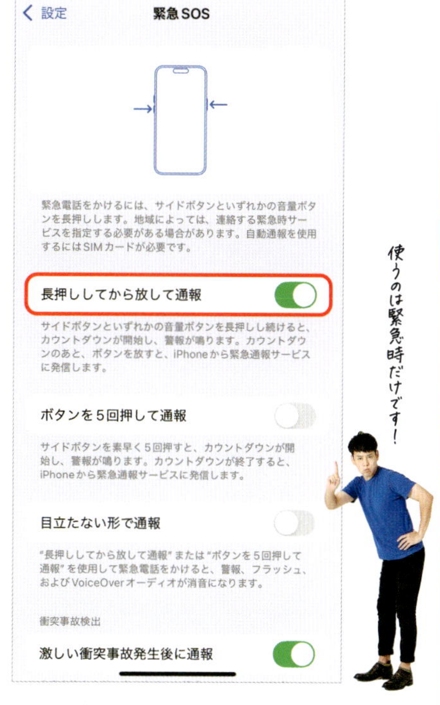

iPhone 8以降では、自動通報が設定できます。「設定」アプリの「緊急SOS」で、「長押ししてから放して通報」をオンにします。誤操作で警告音が鳴ってしまったら、カウントダウン中にボタンから指を離します

米国アップルの発表会に招待されました！［本社見学編］

発表会で訪れたアップル本社「Apple Park」は、米国カリフォルニア州クパチーノ市にあります。Apple Parkは巨大な建物で、外周を回るのに徒歩30分以上かかるほどです。Parkの名前が示すように公園のような造りになっていて、建物の周囲も木々に囲まれ、朝は本社で働く従業員の皆さんがApple Watchを付けてランニングをしていたりと、ボクが想像していたアップル本社のイメージそのもので、妙なところで感動しました。スティーブ・ジョブズ・シアターなど、ほかにもいくつかの建物が離れた場所に建っているのですが、社員の皆さんは結構な距離を歩いて移動していて、こんなところにもアップルの健康に対する意識の高さを感じました。

Apple Parkもスティーブ・ジョブズ・シアターも、アップルの店舗のように周囲がガラス張りです。中に置いてある家具はもちろん、トイレの中まですべてがオシャレで（笑）、見ているだけでワクワクしました。一般の方は本社には入れませんが、目の前にある「Apple Park Visitor Center」には入れます。ここではiPadを使ってのぞき込むとARで内部が見られるApple Parkの模型で、疑似見学ができます。オリジナルのTシャツやマグカップなど現地でしか手に入らないグッズも販売しており、アップルファンなら絶対楽しめるので、お近くに行かれた際には立ち寄ってみてください。

スピード勝負では絶対負けない！
iPhone高速テクニック

097 「ショートカット」を使えばiPhoneがすこぶる快適に

「ショートカット」アプリは、iPhoneのさまざまな操作を自動化できる便利ツールですが、「何だか難しそう……」と敬遠する人も多いでしょう。でも、基本操作を覚えれば、応用するのは簡単です。ここでは、ショートカット初心者向けに、アプリを起動するショートカット（アクション）の作成方法を解説します。

「アプリを起動するだけならアイコンをタップすれば済む」と思われそうですが、作成したアクションを「ア

サンプルをカスタマイズして作法を覚えよう！

1 「ショートカット」アプリを起動して「すべてのショートカット」が開いていることを確認したら、右上の［＋］をタップして「アプリを開く」をタップします

2 「アプリを開く」の画面で青い「アプリ」の部分をタップすると、アプリの一覧が開きます。ここでは「LINE」を選びました。すると「アプリ」が「LINE」となります

クションボタン」(P.90参照)や「背面タップ」(P.168参照)と組み合わせれば、いつでも素早く起動できます。また、オートメーション機能と組み合わせて、指定時間に特定の場所の天気を表示させたり、お店に入ったらポイントアプリを自動で立ち上げたりと、アイデア次第で便利に使えます。「ショートカット」内の「ギャラリー」には多くのサンプルが用意されていますので、これらをカスタマイズしながら操作を学ぶ方法がオススメです。

3 上部の「アプリを開く」の横にある矢印をタップしてメニューを開き、名称やアイコンの色や形状を設定します。作業後に右上の「完了」をタップすれば、作成は完了です

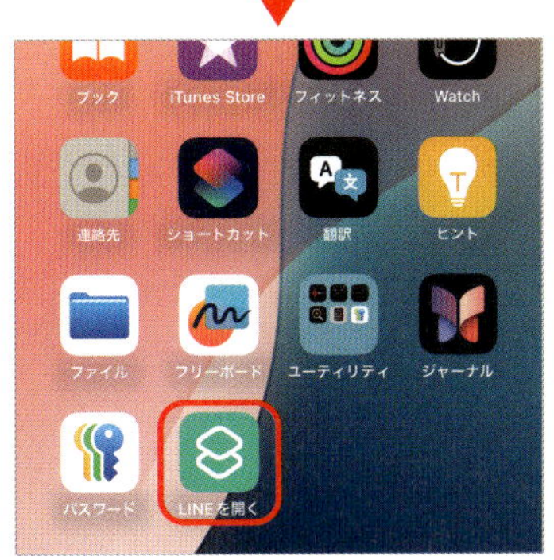

4 作成したショートカットを長押しして、メニューの「詳細」から「ホーム画面に追加」をタップします。確認後に「追加」をタップで配置完了です

098 iPhoneの背面をトントンすれば よく使う機能を呼び出せる

iPhoneの背面を2度または3度「トントン」とタップすると、割り当てたアクションを実行できる「背面タップ」。Spotlight検索やスクリーンショット撮影、画面の向きロック、コントロールセンターの呼び出しなど、さまざまな操作を割り当てられます。また、「ショートカット」にも対応しているので、アイデア次第で用途は広がります（P.166参照）。なお、iPhone 16シリーズ向けに「カメラコントロールを軽く2回押す」も追加されました。

1 「背面タップ」を使用するには、まず「設定」アプリの「アクセシビリティ」を開き、「タッチ」➡「背面タップ」の順にタップして設定画面を表示します

2 「ダブルタップ」または「トリプルタップ」をタップして、割り当てる項目を選択します。ダブルタップとトリプルタップに、それぞれ異なる機能を割り当てられます

099 何度もタップする必要なし！ アプリの機能を直接実行

アプリを起動後、よく使う機能まで何度かタップするのは面倒。そこで、アプリのアイコンを長押しすると開く「クイックアクション」を使いましょう。例えば、「メール」を長押しすると新規メッセージ作成画面を直接開けます。標準アプリ以外でも、「LINE」アプリを長押しして「QRコードリーダー」を起動したり、「Amazon ショッピングアプリ」から「タイムセール」に直接アクセスしたりと、何度かタップする必要がある操作が1タップで済むんです！

「メール」アプリを長押しすると、新規メッセージの作成画面や受信箱、VIPからのメールを直接開けるクイックアクションが表示されます。アイコンに付くバッジではわからない、VIPからの未開封メールの数がわかるのは便利！

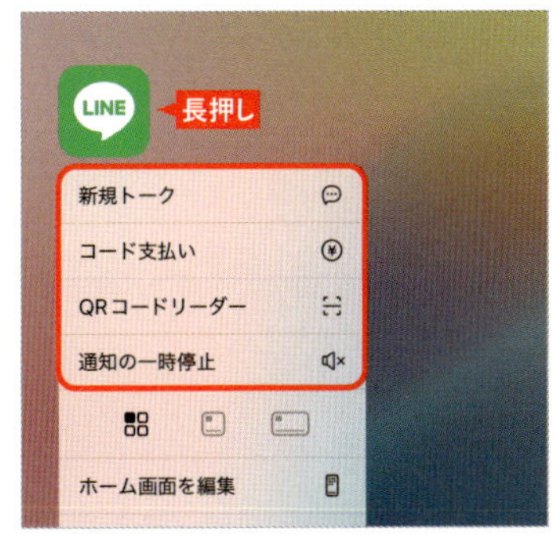

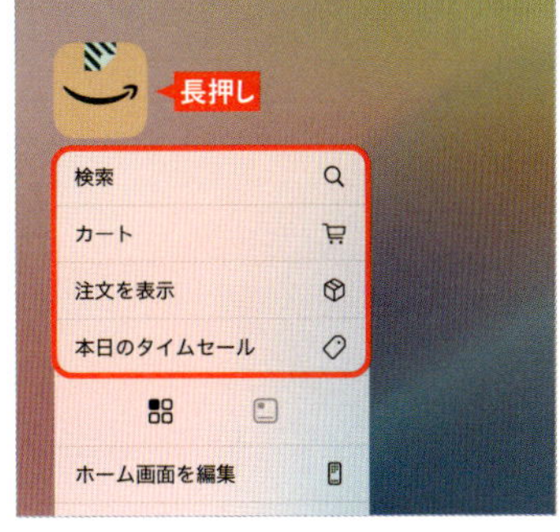

「LINE」アプリを長押しすると、「新規トーク」や「QRコードリーダー」などの機能がすぐに選べます。「Amazon ショッピングアプリ」では、「カート」や「注文履歴」、「本日のタイムセール」を直接開けます

100 見当たらないアプリを好みの場所に配置する方法

ホーム画面で目的のアプリが見つからないときは、検索結果から直接起動できます。ただ、次回に備えて、わかりやすい場所にアプリを移動しておきたいですよね。そんなときは、検索結果やアプリライブラリでアイコンを長押ししたら、そのままホーム画面にドラッグ＆ドロップして配置すればOKです。ただし、アプリライブラリからドラッグした場合はアイコンが重複してしまうので（iOS 18.1時点）、混乱しないようにしましょう。

ホーム画面の「検索」にアプリ名を入力。アイコンが表示されたら長押ししてドラッグし、ホーム画面に配置します。上方向に移動するとメニューと重ならず、移動しやすいです

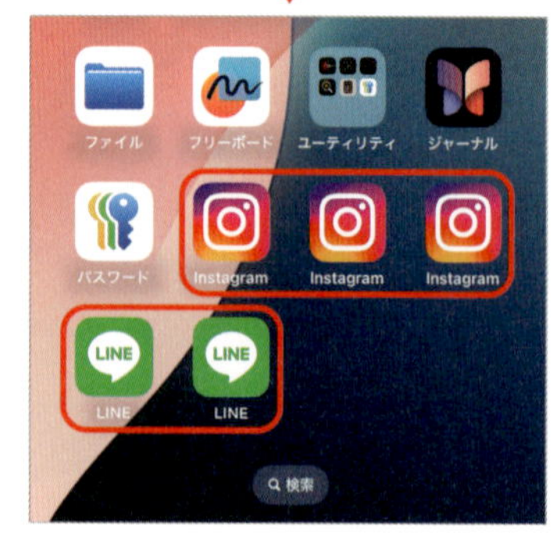

「アプリライブラリ」からドラッグ&ドロップしたアプリはアイコンが重複するため（アプリライブラリの検索結果を除く）、ホーム画面に同じアプリを複数配置できます

101 「ダイナミックアイランド」を便利に使いこなす

iPhone 14 Proおよび15、16シリーズを使っている方は、「ダイナミックアイランド」を活用していますか？ Face IDの認証のほか、AirDropの送受信や再生中の音楽、タイマーの残り時間など、進行中のアクティビティや情報が表示される場所ですが、実は長押しすると、アプリによっては簡単な操作ができるんです。また、2つの情報を切り替えたり、表示が不要な場合は端から中央へスワイプすることで畳むことも可能ですよ。

1 「時計」アプリでタイマーを使用中、上にスワイプしてアプリを閉じると、ダイナミックアイランドに残り時間が表示されます。長押しで、タイマーの一時停止／終了ができます

2 アクティビティは、端から中央に向けてスワイプすると隠れ、中央から端にスワイプすると戻ります。2つのアプリまで表示され、長押ししたほうの操作画面が開きます

102 キーボードをトラックパッドにしてカーソル移動が断然ラクに!

入力ミスなどで文章を修正したいとき、狙った場所にカーソルが挿入できないとイライラしますよね? そんなときオススメなのが、iPhoneのキーボードをノートパソコンのトラックパッドのように使うワザです。やり方は簡単で、まずキーボードの「空白」または「space」キーを長押しします。すると、キーの文字が消えてトラックパッドモードに切り替わるので、あとはトラックパッドのように指でなぞればカーソルを自由に動かせます。

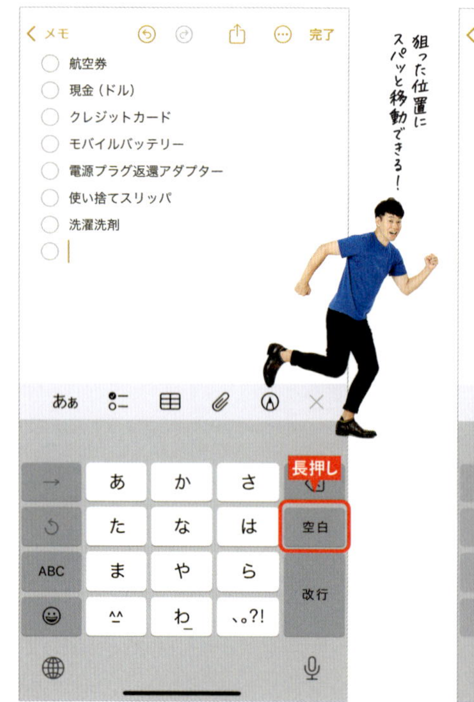

1 「空白」キーを長押しすることで、キーボードを一時的にトラックパッドに切り替えられます。QWERTY配列の英字キーボードでは、「space」キーを長押しすればOKです

2 キートップの文字が消えて、ノートパソコンのトラックパッドのような操作が可能となります。指でドラッグすることでカーソルを自由に動かせるので、サッと目的の位置へ

103 文字入力しているときに素早くカギカッコを入力する

文章入力で区切りや強調などで使う「」(カギカッコ)を入力したいとき、数字キーボードに切り替えて「7」からフリック入力する、「かっこ」と入力して変換候補から探すなどの方法がありますが、もっと簡単に入力する方法があるのをご存じでしょうか。実は、ひらがなキーボードから「や」のキーを長押しすると、左右にカギカッコが表示されます。入力時は長押しは不要で、左右にサッとフリックするだけで瞬時に入力できますよ。

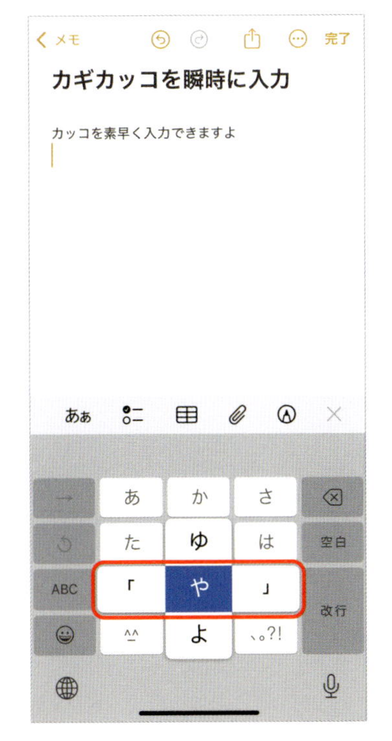

1 「や」のキーを長押しすると左右にカギカッコが現れるので、フリックで選択しましょう。キーボードの切り替えが不要で、指を少し動かすだけで済むのでスピーディーです

2 変換候補には、二重カギカッコ(『』)や隅付きカッコ(【】)といった特殊なカッコも表示されます。こちらも「や」からフリック入力して選択すれば、素早く入力できます

104 実用性が低いのは昔の話！ 音声入力でラクラク文章作成

「音声入力」を使ったことはありますか？ 以前は使い勝手が悪かったんですが、今では驚くほど正確でスピーディーに文字を入力できる便利な機能へと進化しています。「実用性が低い」と感じて敬遠していた人も、ぜひ一度試してみてください。短いメッセージだけでなく、本格的な長文もスムーズに入力できますよ！ 音声入力中もキーボードが開いたままなので、自分が間違ってしゃべった部分をキーボードで修正することだって簡単です。

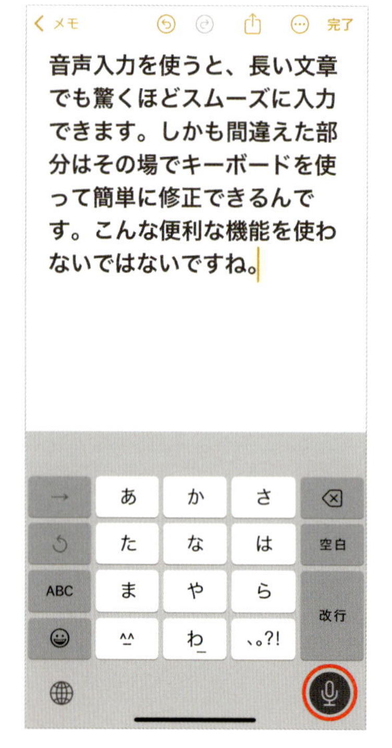

1 右下のマイクアイコンをタップすると音声入力がスタート。入力中にキーボードで、テキストを修正することも可能です。音声入力は解除されないので、続けて入力できます

2 サンプルの絵文字は、上から「げらげらえもじ」「なみだえもじ」で入力。マイクアイコンがない場合は、「設定」アプリの「一般」➡「キーボード」で「音声入力を有効にする」をオンに

105 「ユーザ辞書」を活用してURLやアドレスをサッと入力

URLやメールアドレスのような長い文字列を入力するのは、手間がかかる作業です。コピー＆ペーストもひとつの解決法ですが、それも面倒ですよね。そんなときに便利なのが、iPhoneの「ユーザ辞書」機能です。よく使うURLやメールアドレス、定型文、住所などを登録しておけば、簡単に入力できます。例えば、メールアドレスを「めあど」、正確な住所を「じゅうしょ」などで登録しておけば、記入するときの手間が段違いです！

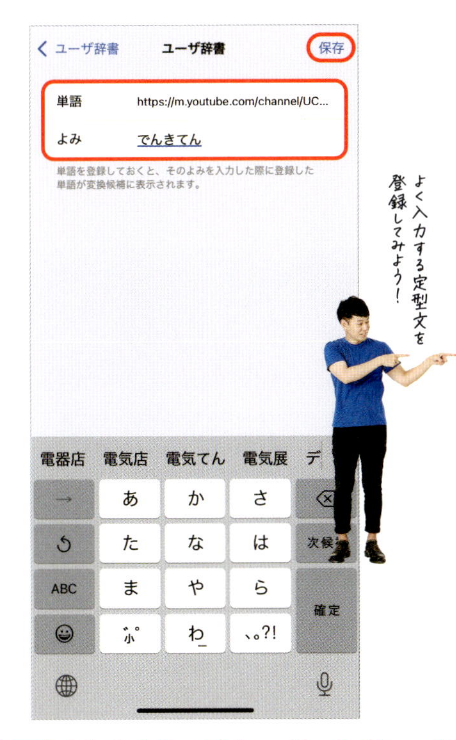

1 文字列の登録は、「設定」アプリの「一般」➡「キーボード」➡「ユーザ辞書」で行います。画面右上の［＋］をタップして「単語」と「よみ」を入力し、「保存」をタップします

2 ユーザ辞書に登録した「よみ」を入力すると、変換候補に「単語」（ここではURL）が表示されます。あまり入力しない文字列で、かつわかりやすい「よみ」で登録しましょう

106 指を離さずスムーズ入力!「はは」を素早く打つ方法

フリック入力で意外と手こずるのが「はは」の入力。「は」を続けてタップすると「ひ」になっちゃうんです。ゆっくりタップするなんて、じれったいですよね。そんなときは、2文字目を入力するときに指を離さず、一瞬「ひ」にずらしてから「は」に戻しましょう。これで連続入力できます。なお、「設定」アプリの「一般」➡「キーボード」で「フリックのみ」をオンにすると、タップだけの操作で入力可能です。

2文字目の「は」を入力する際に、指を離さず一瞬「ひ」にフリックしてから「は」に戻します。これで「はは」と素早く入力できます。あ段の文字、すべてに当てはまります

107 縦長のWebページを超高速にスクロールするワザ

スマホ向けのWebページには縦長のものが多く、下のほうを読むために何度もフリックするのは面倒ですよね。そんなときは、ちょっとだけスクロールすると右端に現れるスクロールバーを長押ししてみましょう。バーが太くなり、iPhoneが軽く振動します。そのままバーをドラッグすると、超高速でスクロールが可能になります。このテクニックは、「X」(旧Twitter)などのアプリでも使えますよ!

ページをスクロールすると、右側にスクロールバーが現れるので、消える前にバーを長押しします。すると、軽い振動があってバーが太くなるので、そのままドラッグして上下に動かします

108 パスワード伝達の手間なし！ 来客時のWi-Fi接続が簡単に

自宅やオフィスに来客があったとき、Wi-Fiのパスワードを教えることはよくありますが、複雑なパスワードを伝えたり、入力したりするのは面倒ですよね。もし「連絡先」にApple Accountが登録されている相手であれば、接続済みのiPhoneからWi-Fiパスワードを簡単に転送できるんです！ 相手がパスワード入力画面を開くと自動的にウィンドウが表示されるので、あとはワンタップで接続完了です。手間が省けて超便利！

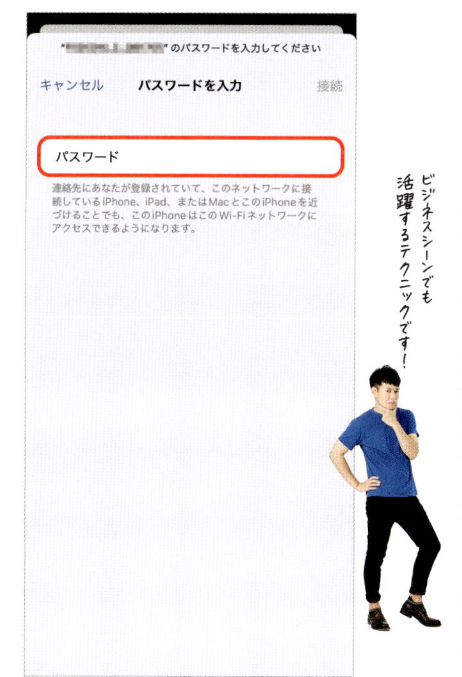

1 両方の端末でWi-FiとBluetoothをオンにした状態で、初めて接続するWi-Fiを選んで「パスワードを入力」の画面を開きます。この際、お互いのApple Accountがメールアドレスとして連絡先に登録されている必要があります

2 初めて接続するiPhoneの近くにすでに接続済みのiPhoneがあれば、Wi-Fiパスワードを共有する画面が表示されます。「パスワードを共有」をタップすると、相手に自動的にパスワードが登録されて接続が完了します

109 印刷されたWi-Fiパスワードをカメラをかざして簡単入力

カフェやホテルなどのWi-Fiを利用する際、ポスターやメニューなどに印刷されたパスワードを手入力するのって面倒ですよね。そこで、カメラの「テキスト認識表示」を使いましょう。

Wi-Fiのパスワード入力欄をタップすると現れる「自動入力」をタップして、次に「テキストをスキャン」を選択すると、画面下部にカメラのウィンドウが開きます。あとはカメラをかざしてパスワードの文字列をフレームに入れると、自動で入力してくれます。

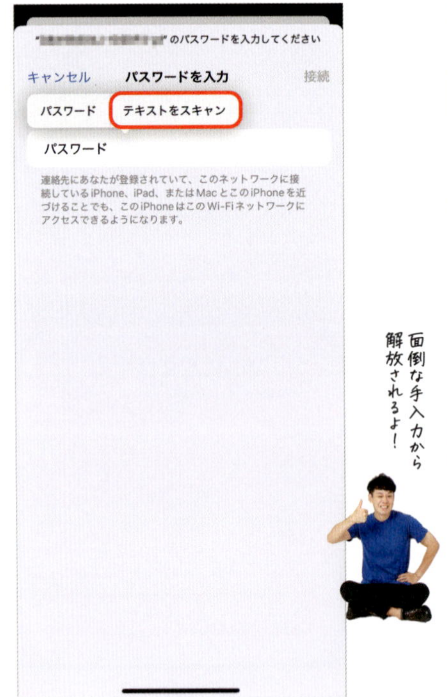

1 「設定」アプリの「Wi-Fi」で接続したいWi-Fiをタップ。「パスワードを入力」画面で「パスワード」入力欄をタップして「自動入力」➡「テキストをスキャン」の順にタップします

2 下部がカメラに切り替わるので、パスワードの文字列に向けると自動的に認識して文字列が入力されます。タップして選ぶことも可能で、選択後に「入力」をタップします

110 会話がもっとスムーズに! 特定の発言にスワイプで返信

iPhone同士で「メッセージ」アプリでやり取りする際、少し前の発言に返信をするときなどには、特定のメッセージに直接返事をすると、どの発言に対しての返信なのかが相手にわかりやすくなります。やり方として、返信したい吹き出しを長押しして「返信」を選択する方法もありますが、吹き出しを右方向にスワイプするだけでもインライン返信が可能です。直感的な操作で手間もかかりません!

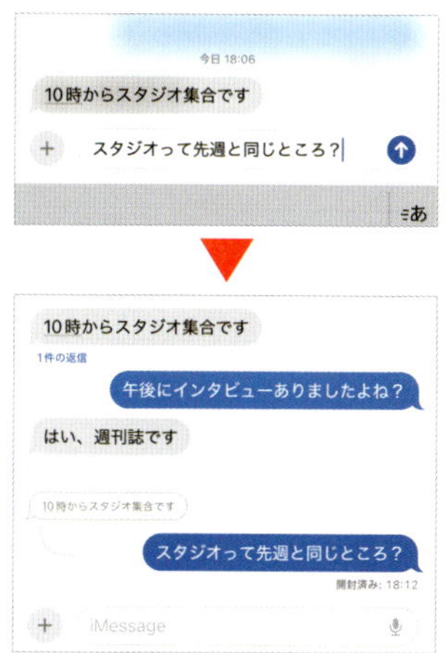

返信したい吹き出しを右方向にスワイプすると、そのメッセージだけが表示されて返信できます。なお、発信が青い吹き出しになるiMessageでのみ有効です

111 範囲選択がもっと快適になる 2回タップと3回タップ

テキストをコピーするとき、範囲選択がうまくいかずに苦労した経験はありませんか? 2回または3回連続タップして範囲指定する方法を試してみてください。単語を選択したいなら2回、行や段落全体を選択したいなら3回タップするだけで範囲指定ができます。そのあと、メニューからカットやコピーをしたり、一部のアプリでは「フォーマット」メニューからボールドや下線などの装飾も行えます。

3回タップで段落全体が範囲指定されます。これに3本指を使ったコピー(ピンチイン)、ペースト(ピンチアウト)を組み合わせると、さらに素早い操作も可能です

112 時間設定をホイールではなくキーボードで直接指定する方法

「カレンダー」や「アラーム」などで時間を指定する際、「時間」と「分」のホイールをそれぞれ動かすのが一般的です。細かな数字を指定するなら、時間や分を直接キーボードで入力しましょう。時間指定の画面で時間をタップしてキーボードが出てきたら、例えば9時25分の場合、「0925」と入力すれば完了です。時間または分だけの変更は、それぞれの部分を2回タップすると色が変わり、直接入力できます。

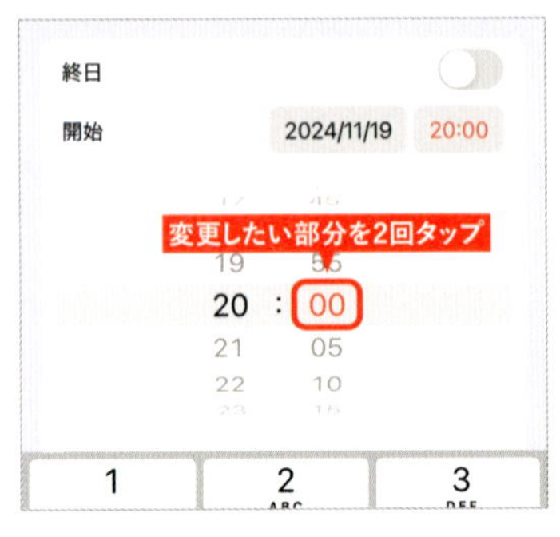

時間を示すホイールを1回タップして色が変わったら「0925」のように4ケタで指定します。時間または分だけを変える場合は、2回タップして直接入力しましょう

113 静かな場所で突然鳴り出した着信音を慌てず止める方法

静かな場所で突然電話の着信音が鳴ったら、慌てて音を止めたくなりますよね。そんなときは、iPhoneの左右にあるいずれかのボタン（iPhone 16のカメラコントロールボタンを除く）を押せば、電話を切らずに着信音だけを止められます。また、「設定」アプリの「Face IDとパスコード」から「画面注視認識機能」をオンにしておくと、手がふさがっているときでも画面を見つめれば音がすぐ小さくなります。

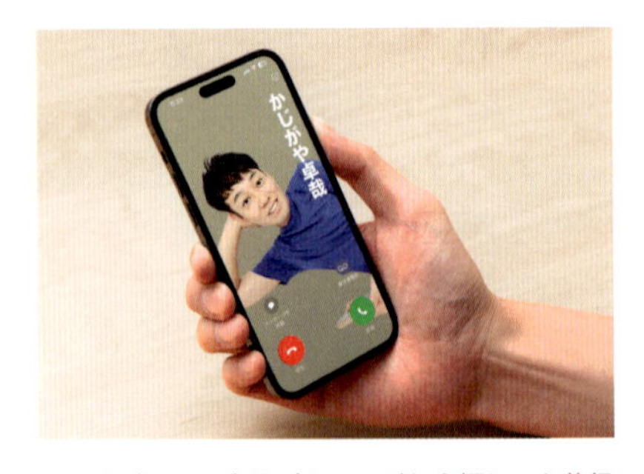

サイドボタンや音量ボタンのどれを押しても着信音が止まります。ただし、電話はつながったままなので注意。なお、サイドボタンを2度押しすると「拒否」となり、電話が切れる（契約によっては留守電になる）ので要注意

114 アプリ切り替え不要のワザで2段階認証をもっと手軽に

ログイン時にSMSやメールで届く確認コードを入力する「2段階認証」を採用するWebサービスが増えています。通常、アプリを切り替えて認証コードをコピーし、再びSafariに戻って入力する作業が必要ですが、iOSでは「メッセージ」(SMS) やメールで受け取った確認コードをワンタップで入力できる便利機能が搭載されています。使用済みの認証コードを含むメッセージやメールを削除してくれるので、セキュリティ面でも安心です！

1 確認コード入力欄をタップすると、届いた「メッセージ」やメールに含まれる確認コードを検知して、キーボード上部に確認コードが表示されます。タップすると、自動入力されます

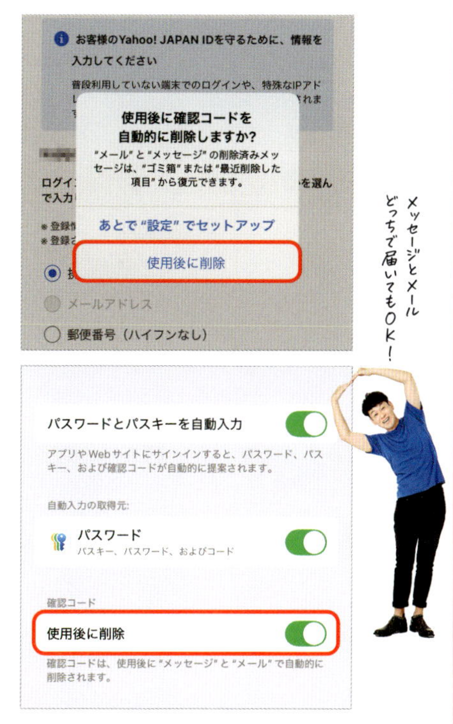

2 自動入力で使用したメールを削除するか、受信時に尋ねられます。「設定」アプリの「一般」➡「自動入力とパスワード」➡「使用後に削除」でもオン／オフできます

115 複数アプリをまとめて一気に移動する裏ワザ

ホーム画面のアプリを移動する際、背景を長押ししてアイコンが震え始めたらドラッグしますが、多くのアプリを移動するには時間がかかります。そこで、複数のアプリをまとめて移動できる裏ワザを紹介します。アイコンが震えた状態で移動したいアイコンを少し動かし、指を離さずに別の指でほかのアイコンを順にタップしましょう。アイコンがどんどんグループ化され、一度に移動できます。まとめて並べ替えるときにも便利です。

1 ホーム画面を長押ししてアイコンが震え始めたら、移動したいアイコンをドラッグして、そのまま指を離さずに別の指でほかのアイコンをタップすると、次々に重なります

2 移動したい場所にドラッグ&ドロップすると、アプリアイコンがまとめて配置されます。アイコンは重ねた順番で並ぶので、単に並べ直したいときにも活躍するテクニックです

116 うっかり広告をタップしても直前のアプリにすぐ戻るワザ

メール本文内のリンクやゲーム画面の広告をうっかりタップしてしまい、Safariが起動。見たくもないWebページや広告が表示されるとイライラしますよね。そんなときに直前のアプリに素早く戻る2つの方法を紹介します。

1つ目は画面左上に表示されるアプリ名をタップする方法。2つ目は画面下部のホームインジケーターをスワイプする方法です。ホーム画面ではホームインジケーターは見えませんが、画面の下端をスワイプすればOKです。

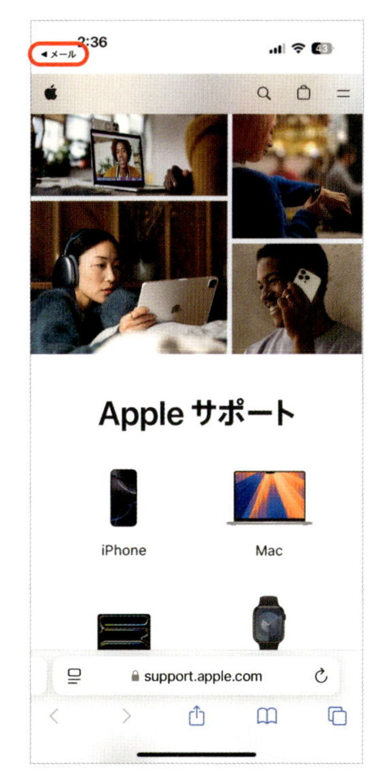

リンクをタップして、アプリが切り替わった状態です。画面左上の「メール」という小さな文字が、ひとつ前のアプリを示しています。タップすることで、すぐに戻ることが可能です

画面最下部にあるホームインジケーターを右側にスワイプしても、ひとつ前のアプリに戻れます。ホーム画面ではホームインジケーターがあるべき場所をスワイプすればOK

117 言葉の意味を調べるならiPhoneの内蔵辞書が結局早い！

わからない言葉を調べるとき、多くの人がWeb検索をしていると思います。でもネット上には情報が多すぎて、正しい情報にたどり着くまで時間がかかることがありますよね。そんなときに便利なのが、iPhoneの内蔵辞書です。言葉を選択すると表示されるメニューから「調べる」を選ぶだけで、その意味をすぐに確認できます。オフラインでも利用できるので、電波の弱い場所でも素早く調べられます。

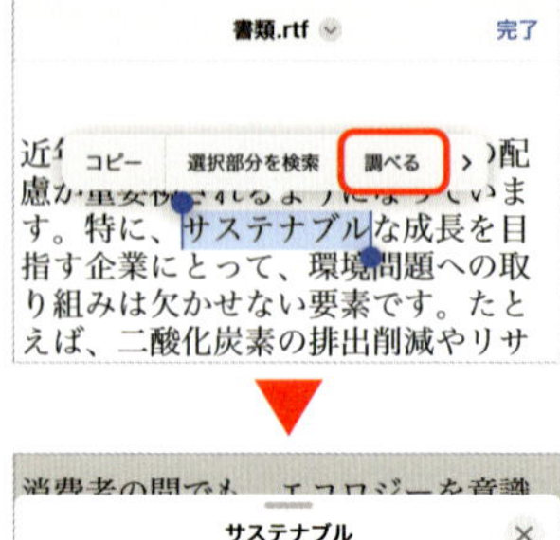

調べたい言葉を選択し、メニューから「調べる」を選択すると、言葉の意味が表示されます。「調べる」がない場合は、メニューの［<］［>］をタップしましょう

118 前に見たページに一発で戻れる閲覧履歴の活用テクニック

Webブラウジングをしていると、前に見たページをもう一度見たくなることはよくあります。でも、かなり前に開いたページに戻りたい場合、目的のページにたどり着くまでに［<］を何度もタップしなければならず、時間も手間もかかります。そんなときは［<］を長押ししてみましょう。すると、これまでの閲覧履歴が一覧表示されるので、あとは見たいページを選ぶだけ。目的のページに一発で戻れます！

Safariの画面の左下にある［<］を長押しすると履歴が一覧表示されるので、目的のものをタップしましょう。ただし、ここに表示されるのは同じタブで開いたページのみです

119 Safariで開きすぎたタブをまとめて閉じる時短ワザ

Safariのタブ機能は、複数のWebページを切り替えながら閲覧できて便利です。しかし、いつの間にか大量のタブが開かれると、目的のページが見つけづらくなります。タブの一覧表示で右上の[×]をタップして1つずつ閉じることはできますが、数が多いと大変な作業です。そんなときは、ページ右下のタブアイコンを長押しするか、タブの一覧表示画面で「完了」を長押しすると、すべてのタブをまとめて閉じられるメニューが表示されます。

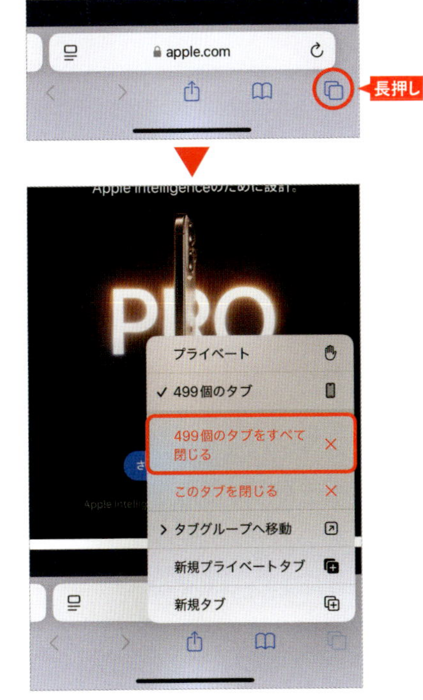

Webページを開いている画面で、右下のタブアイコンを長押しします。メニューが表示されたら「○個のタブをすべて閉じる」をタップしましょう。これで一気に閉じられます

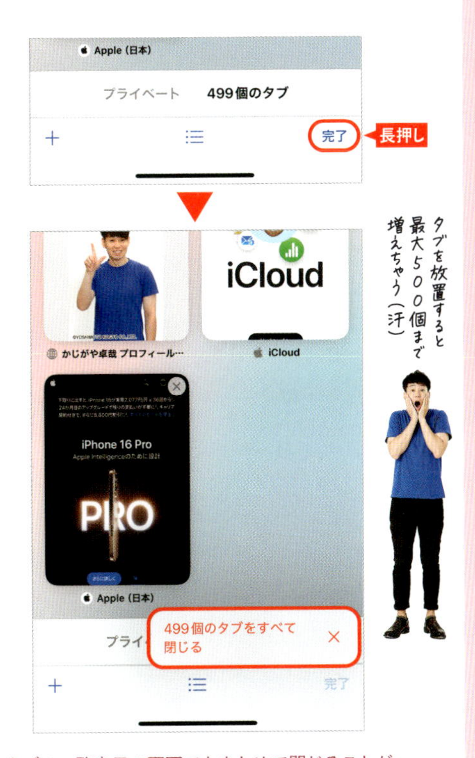

タブの一覧表示の画面でもまとめて閉じることができます。右下のタブアイコンで一覧を表示したら、「完了」を長押しし、表示された「○個のタブをすべて閉じる」をタップすればOKです

120 開封や削除がすぐに片付く スワイプでメールを手早く整理

「メール」の受信ボックスには、広告メールや未読メールがいつの間にかたまりがち。そんなメールを片付けるとき、ボクはスワイプを駆使しています。開く必要のないメールは右にスワイプして引っ張り切ると「開封済み」に、不要なメールは左にスワイプして引っ張り切るとすぐに「ゴミ箱へ移動」できて、効率よくメールを整理できます。メニューの項目は、「設定」アプリの「アプリ」➡「メール」➡「スワイプオプション」でカスタマイズできます。

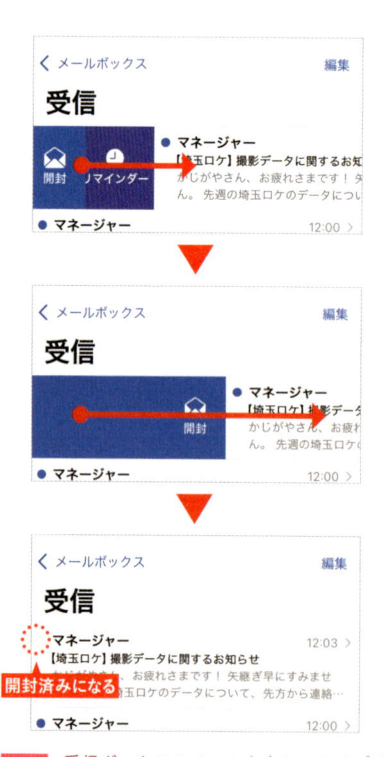

1 受信ボックスのメールを右にスワイプすると「開封」メニューが表示され、そのまま右端まで引っ張り切れば開封済みになります。なお、再度右に引っ張ると未開封に戻ります

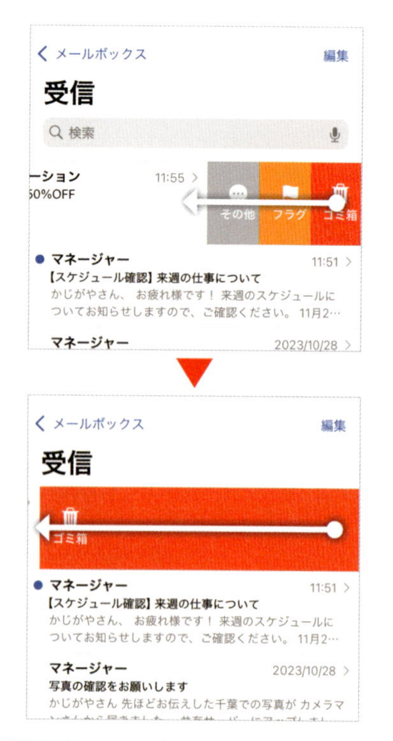

2 左にスワイプすると、返信や転送ができる「その他」と「フラグ」「ゴミ箱」といったメニューが表示されます。そのまま左端まで引っ張り切れば、タップなしでゴミ箱に移動できます

121 下書きメールは長押しでいつでもすぐに呼び出せる

メールを書いてる途中で中断したいときは、左上の「キャンセル」をタップすると、書きかけのメールを削除するか保存するか選べます。保存した下書きは「メールボックス」の「下書き」フォルダに収納されるので、再開したいときはそこから開いて続きが書けます。でも実は、もっと素早く下書きを呼び出す方法があるんです。それが、画面右下の新規メッセージアイコンの長押し。下書きメールが一覧表示されるので、そこから選びましょう。

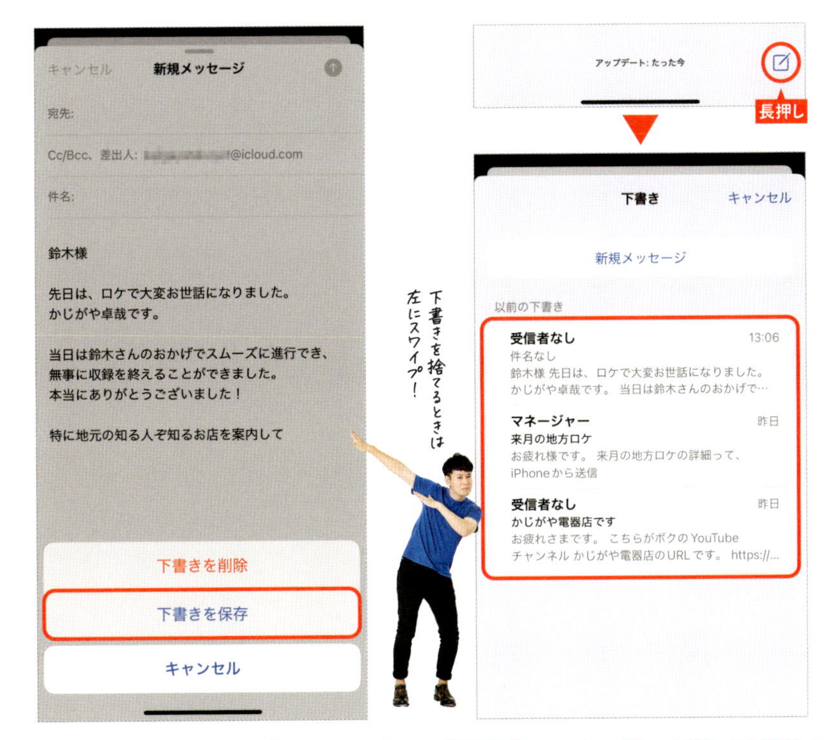

1 メールの作成中に左上の「キャンセル」をタップすると、メニューが開くので、「下書きを保存」を選択すると、作成中のメールが下書きとして保存されます

2 「メール」アプリの右下にある新規メッセージアイコンを長押しすると、保存されている下書きメールが一覧表示されます。あとは、ここから選んでメール作成を再開しましょう

122 複数アカウントでもOK! 未読メールだけ確認する方法

複数のメールアカウントを使っていると、大事なメールを見落とすこともあるでしょう。そんなミスを防ぐために活用したいのが、「メール」アプリのフィルタ機能です。未開封メールだけをパッと抽出してくれるので、時間をかけずに未読メールをチェックできます。「全受信」を使えば、すべてのアカウントをまとめて確認できます。なお、フィルタは「フラグ付き」や「宛先：自分」といった条件を設定するなど柔軟にカスタマイズ可能です。

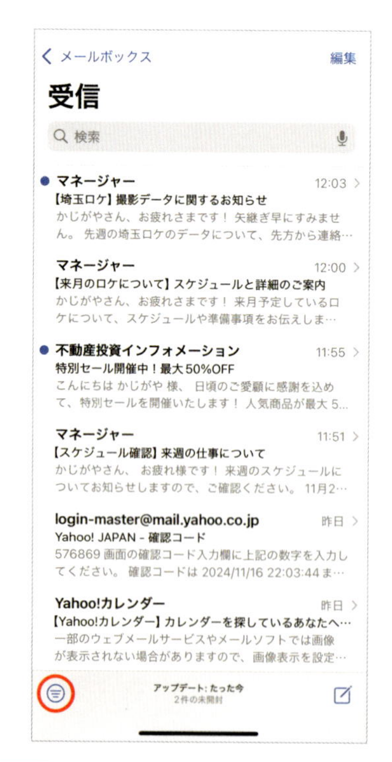

1 「全受信」のメールボックスを開きます。通常は、開封済みのメールも未開封のメールもまとめて表示されています。ここで左下の3本線のアイコンをタップします

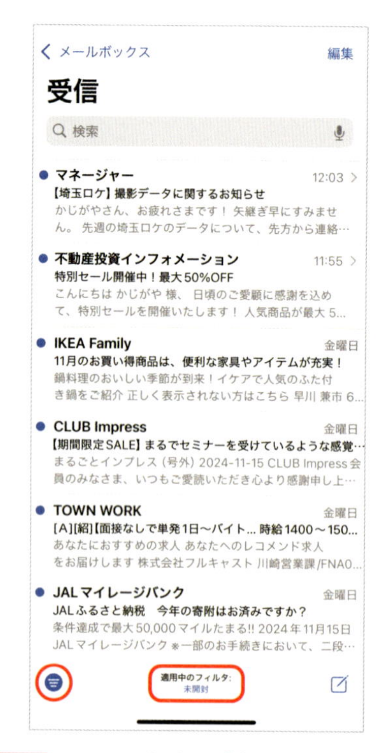

2 アイコンが反転し、「未開封」というフィルタが適用されます。なお、下部の「適用中のフィルタ」の部分をタップすると、フィルタの設定を変更／追加できます

123 キーワードを入れるだけで探したい写真がすぐ見つかる

普段からiPhoneで写真を撮っていると、「写真」アプリのライブラリがどんどん増えて、必要な写真を探すのもひと苦労です。でも大丈夫。「写真」アプリの検索機能は超強力。写っていそうなキーワードを入れるだけで、写真だけでなく動画も検出できます。しかも、写真に写り込んだ文字まで認識してくれるので、キーワードが含まれる写真も探せます。写真の検索機能は、アップル製AI機能であるApple Intelligenceでさらに強化される予定です！

1 「夕方」で検索すると、夕陽がきれいな写真が検出されました。ただし朝の写真も数多く混ざっています（笑）。場所や季節などを追加すると、さらに絞り込めます

2 「りんご」で検索したところ、りんごのほかの果物も抽出されたのはご愛敬ですが、パッケージに「りんご」と書かれたジャムのビンや、縦書きのメニュー看板まで検出されました！

Apple Vision Proを ハワイまで買いに行きました

ついに発売された空間コンピューターデバイス「Apple Vision Pro」。この次世代デバイスが、米国で先行発売されることになり、いてもたってもいられず、単独で渡米することを決意しました。

発売日に手に入れるためには、事前予約が必要です。旅行気分で行きたい街で買おうなどと考えていましたが、言語の壁や土地勘のなさで紆余曲折。最終的に行きやすいハワイのAppleカハラで予約しました。予約を取るにも日本発行のクレジットカードはNGなど、さまざまな条件とネット上のウワサに振り回され（笑）、ようやく予約が取れたら２週間後の飛行機やホテルを手配して、現地へ。店舗で30分ほど英語でレクチャーを受けて、無事購入となりました。

手に入れてからも大変で、日本に到着したら税関で34,400円の消費税を支払い、技適マークのないVision Proを日本で使うために総務省に何度も問い合わせて開設届出を提出。ようやく使えるようになったと思ったら、アプリのダウンロードに米国のApple ID（当時）が必要だし、日本語の入力はできないし、有料アプリは現地のクレジットカードが必要だしと、ハードルの多さがスゴい。何とカード取得のために、もう一度ハワイに行きました（笑）。

そんな苦労を乗り越えて手に入れたApple Vision Proですが、うわさどおり、すごい体験ができてますよ！

ハワイのAppleカハラでレクチャーを受けるボクです（笑）。ゴーグルを付けると実世界にアプリやウィンドウが配置されている状態になり、視線と手のジェスチャですべて操作できます

これで手間なしラクチン操作！
iPhoneラクラクテクニック

124 うなずけば電話に出られるAirPodsの「頭のジェスチャ」

イヤホンで音楽を聴いている最中にiPhoneに電話がかかってきたけれど、両手がふさがっている状態で何もできない。こんな経験はありませんか？ AirPods Pro 2かAirPods 4があれば、その問題を解決してくれます。

対応するAirPodsを接続した状態で「頭のジェスチャ」をオンにしておくと、電話がかかってきた際、うなずくと電話に出て通話ができるようになります。逆に通話に出られないときは、左右に首を振ると通話拒否になりま

デフォルトの通知の表示方法を選択してください。

時刻指定要約 オフ

プレビューを表示 ロックされていない時

画面共有 通知オフ

SIRI

通知の読み上げ オン

Siriからの提案

通知スタイル

電話 音声で着信を知らせる

常に知らせる

ヘッドフォンと自動車

ヘッドフォンのみ ✓

常に知らせない

ヘッドフォンが接続されている場合は常に発信者を読み上げます。第2世代のAirPodsおよび一部のBeatsヘッドフォンが接続されている場合は、"Hey Siri" と言わなくても通話に出ることができます。

ジェスチャを確認すると確認音が鳴ります

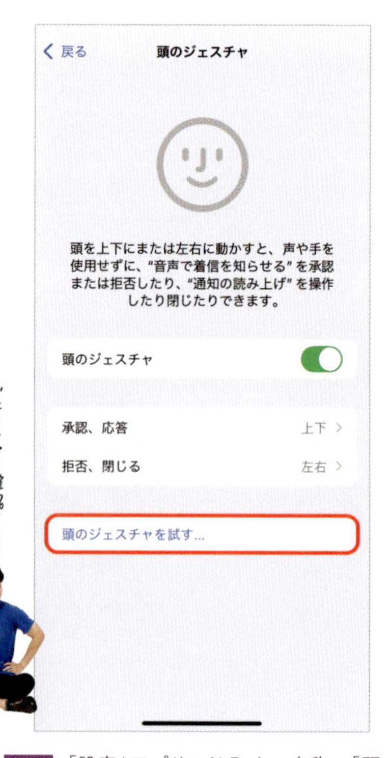

1 頭のジェスチャを使用するには、「設定」アプリの「通知」➡「通知の読み上げ」をオン、「アプリ」➡「電話」➡「音声で着信を知らせる」で「ヘッドフォンのみ」にチェックを付けます

2 「設定」アプリのAirPodsの名称➡「頭のジェスチャ」をオンにします。標準では「承認、応答」が上下の動きになっています。「頭のジェスチャを試す...」をタップします

す。頭のジェスチャは、「メッセージ」を受信したときにも有効で、うなずいてメッセージを読み上げると、Siriが代わりに返信してくれます。いざというときのためにオンにしておくと、役立つ場面がありそうです。

MEMO

メッセージで返信することも可能

AirPods装着時には頭のジェスチャで「メッセージ」アプリの返信も可能です。届いたメッセージをSiriが読み上げ、返信するかどうか確認があった場合、うなずけば、口頭でメッセージを返信できます。なお、相手にはSiriで返信したことが伝わります。

3 「頭を動かしてSiriに応答」の画面が開き、「続ける」をタップすると、「頭を上下に動かす」「頭を左右に動かす」の動作を確認できます。それぞれ動作に問題がなければ完了です

4 AirPods装着中に電話がかかってくると、Siriが「○○さんからの電話です。応答しますか?」と聞いてきます。うなずけば通話になり、左右に首を振ると通話拒否となります

125 カメラで読み取った文字をコピペや検索などに活用する

Web記事内で文字を抽出してコピペや翻訳といった操作は日常的に行いますが、写真や動画に映った文字はあきらめていませんか？ でも、「カメラ」アプリの「テキスト認識表示」を使えば、縦書きの日本語だって選択できるんです。

さらに、写真に撮らなくてもカメラを向けるだけで文字を認識できるので、看板の住所を「マップ」アプリで開いたり、海外旅行先の通貨換算もできたりと便利ですよ。

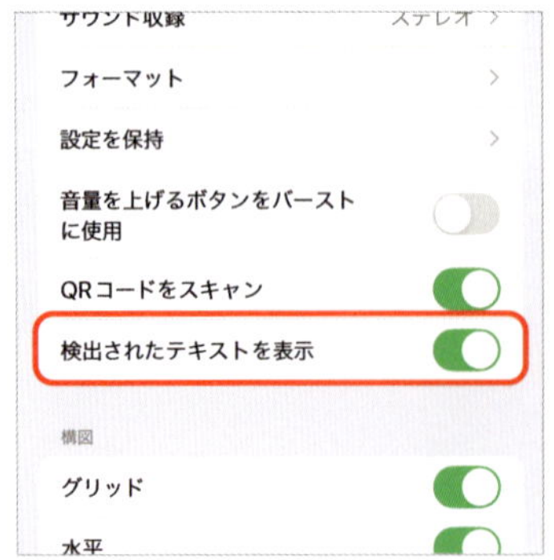

1 「設定」アプリの「一般」➡「言語と地域」の「テキスト認識表示」がオンに、さらに「設定」アプリの「カメラ」で「検出されたテキストを表示」がオンになっているか確認します

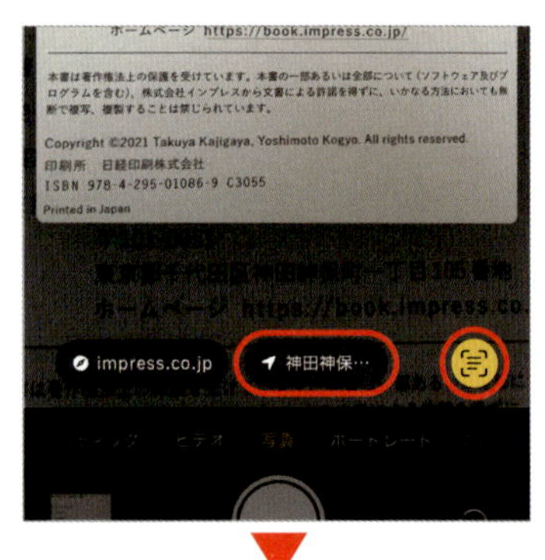

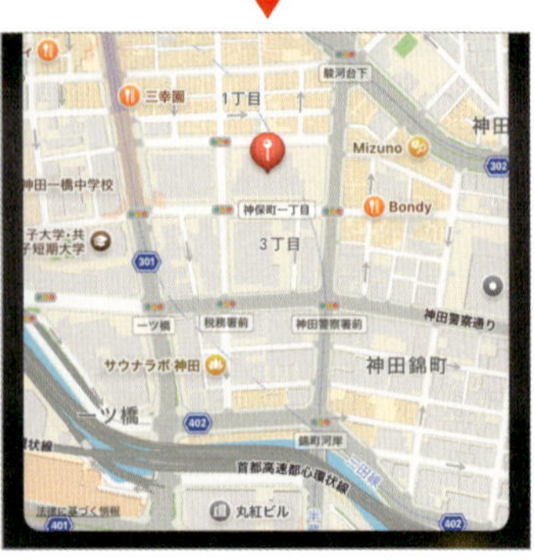

2 印刷された文字列にカメラを向けて、右下の「テキスト認識」アイコンをタップ。読み取った住所または画面下のタグ部分をタップすると、「マップ」アプリで場所が表示されます

126 海外旅行で大活躍! iPhoneをかざして即翻訳

「翻訳」アプリでの入力といえば、テキストや音声がメインでしたが、最近ではカメラも使えるんです。空港や観光スポットなどに掲示されている重要そうなお知らせが読めないとき、iPhoneのカメラを向ければすぐに翻訳してくれます。英語や中国語、韓国語など20言語に対応していて、使用範囲の広さもポイントです。旅先で使用する言語をあらかじめiPhoneにダウンロードしておけば、電波の届かない場所でも活躍してくれますよ。

読める!
読めるぞ!

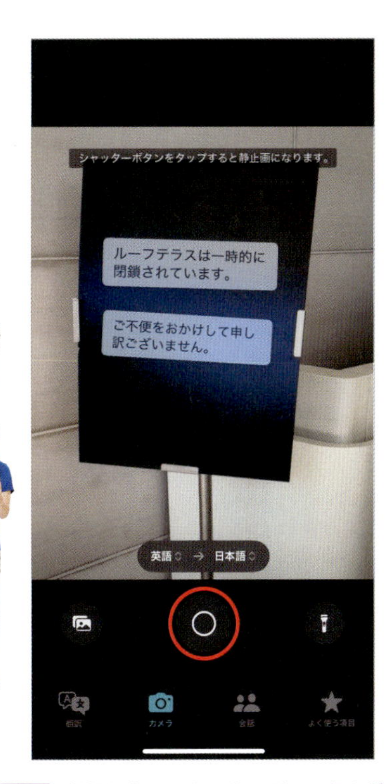

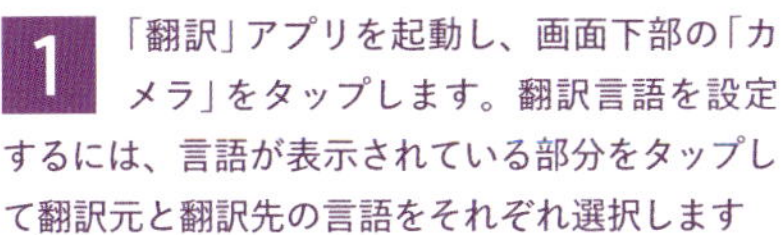

1 「翻訳」アプリを起動し、画面下部の「カメラ」をタップします。翻訳言語を設定するには、言語が表示されている部分をタップして翻訳元と翻訳先の言語をそれぞれ選択します

2 翻訳したいテキストにiPhoneをかざすと、翻訳されたテキストが表示されます。シャッターボタンをタップして静止画にした状態で翻訳をタップするとメニューが開きます

127 読めない漢字は手書きで入力するべし!

読書中に読めない漢字に遭遇した場合、そもそも読めないのでネットで調べることもできません。カメラのテキスト認識表示機能で読み取る方法もありますが、外出先などカメラを立ち上げにくい場面では、せっかくの便利な機能が使えないことも……。

そんなときに利用したいのが「手書きキーボード」です。これまでも中国語の手書きキーボードで漢字の入力は可能でしたが、前回のiOS 17で、日本語対応の手書きキーボードが追加さ

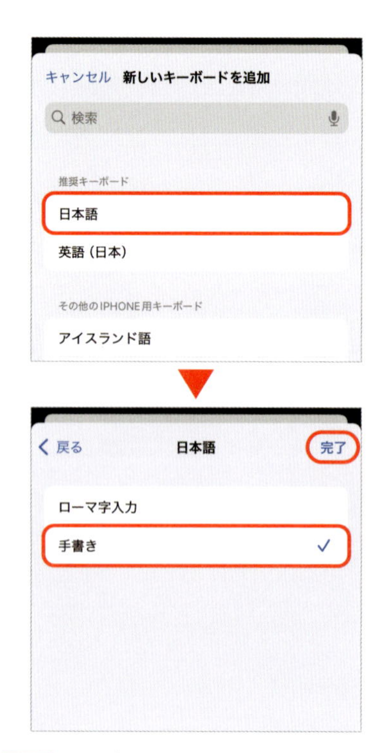

1 キーボードを追加します。「設定」アプリで「一般」➡「キーボード」に進み、さらに「キーボード」をタップします。次の画面で「新しいキーボードを追加」をタップします

2 キーボードのリストが表示されたら、画面上部の「推奨キーボード」で「日本語」をタップします。続いて「手書き」をタップしてチェックを付けたら「完了」をタップします

れました。読めない文字はもちろん、一発変換できない固有名詞なども手書きで入力できちゃいます。ちなみに、漢字やかなだけでなく、見慣れない通貨記号など、入力の仕方がわからない記号の変換にも使えますよ。

MEMO

入力欄はスワイプで拡張!

手書き入力の領域が狭いと感じたら、入力欄上部のバーの部分を上方向にスワイプすると、スペースが広がります。ただし、縦書きにするとうまく認識できないので注意が必要です。

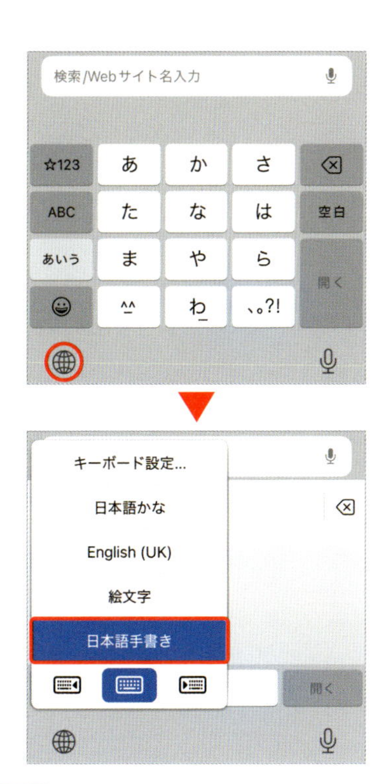

3 手書きキーボードを使用するには、テキスト入力欄をタップしてキーボードを表示し、左下の地球儀のアイコンを長押ししてメニューから「日本語手書き」をタップします

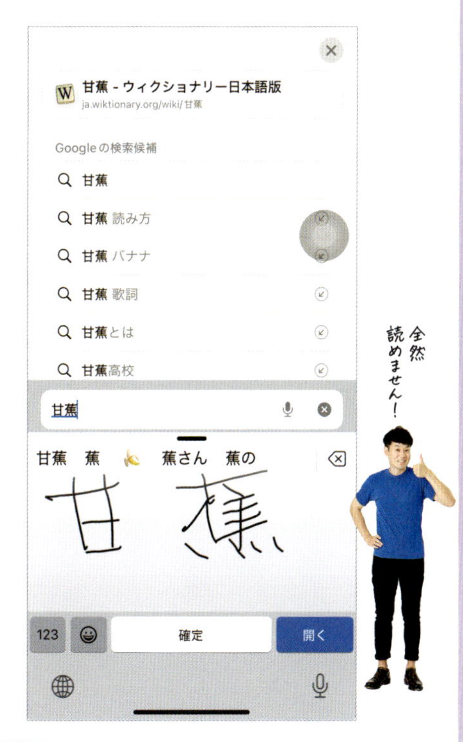

全然読めません!

4 空白エリアに指で文字や記号を入力します。複数候補が表示されたら、目的の語句をタップして確定します。Safariの検索欄に書けば、そのまま検索して読み方を確認できます

128 周囲の物音を聞き取って教えてくれる「サウンド認識」

イヤホンで音楽を聴きながら仕事に集中していると、ドアベルを聞き逃して宅配の荷物を受け取りそびれたことはありませんか？ そんなとき活用したいのが、周囲の音を認識して知らせてくれる「サウンド認識」です。

この機能は、ドアベルやサイレン、赤ちゃんの泣き声など、指定した音声をAIが認識すると通知してくれるというものです。また、サウンドを登録することもできるので、特殊なドアベルのサウンドを教えることもできますよ。

＜ 設定　アクセシビリティ
聴覚サポート
ヒアリングデバイス
聴覚コントロールセンター
サウンド認識　オフ
オーディオとビジュアル
標準字幕とバリアフリー字幕
ミュージックの触覚　オフ

＜ 戻る　サウンド認識
サウンド認識
26.3 MB使用済み
iPhoneで、特定のサウンドを継続的に聞き取り、デバイス上の人工知能機能を使用して、サウンドの認識が可能な場合に通知を試みます。
危害を受けたり、負傷したりする可能性がある場合、危険性の高い場面、緊急事態、またはナビゲーション中などの状況下では、サウンド認識に頼ることはおやめください。
サウンド　なし
認識するサウンドを選択してください。

1 「設定」アプリの「アクセシビリティ」➡「サウンド認識」の順にタップして、「サウンド認識」をオンにします。続いて表示される「サウンド」をタップします

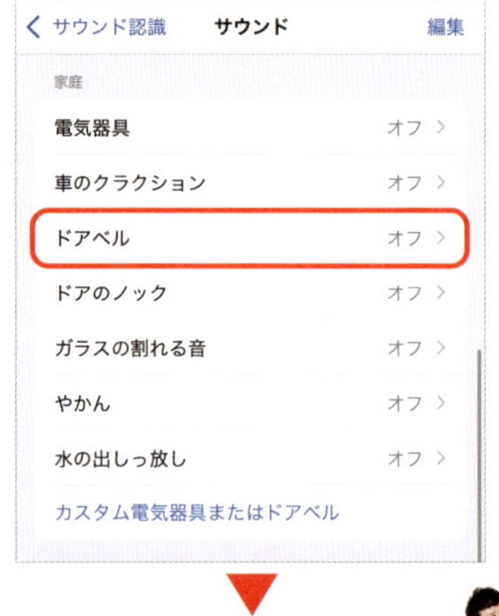

2 認識させたいサウンドの種類をタップして、オンにします。設定後のオン／オフはコントロールセンターで切り替え可能です。なお「消音モード」では通知音が出ないので要注意

129 うっかり押しても大丈夫! 通話を続行させる方法

iPhoneのサイドボタンには、電源のオン/オフを始めさまざまな機能があります。通話の終了もそのひとつ。iPhoneを持っている手で、すぐに終了できて便利な一方で、通話中にうっかりボタンを押して、話の途中で電話を切ってしまった! なんてこともあるでしょう。そんなうっかりミスで人間関係を悪くする前に、サイドボタンを押しても通話を終了しない設定をしておきましょう。ただし、電話の切り忘れにはくれぐれもご注意を。

設定
一般
アクセシビリティ
Siri
アクションボタン
カメラ
コントロールセンター
スタンバイ

< 設定 アクセシビリティ
バリアフリー音声ガイド オフ
身体機能および動作
タッチ
Face IDと注視
スイッチコントロール オフ
音声コントロール オフ
視線トラッキング オフ

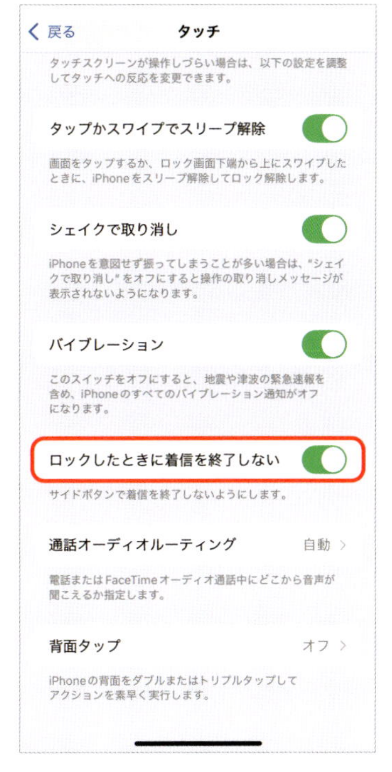

1 「設定」アプリで「アクセシビリティ」をタップします。アクセシビリティの設定項目「身体機能および動作」の部分までスクロールして「タッチ」をタップします

2 「タッチ」の設定画面で「ロックしたときに着信を終了しない」のスイッチをタップしてオンにします。これで、うっかりサイドボタンを押しても通話は終了しません

130 指が届かないなら画面に下りてきてもらおう

画面サイズが大きいiPhoneを片手で操作しようとすると、上のほうが操作しづらくないですか？ それならば、画面を下ろしてしまいましょう。

画面の下端をさらに下方向にスワイプすると画面が下がります。ホームボタンがある機種なら、ホームボタンのダブルタップでOK。下がってこない場合は、「簡易アクセス」をオンにします。なお、文字入力の画面ではキーボードが見えなくなるので、上方向にスワイプして画面を元に戻しましょう。

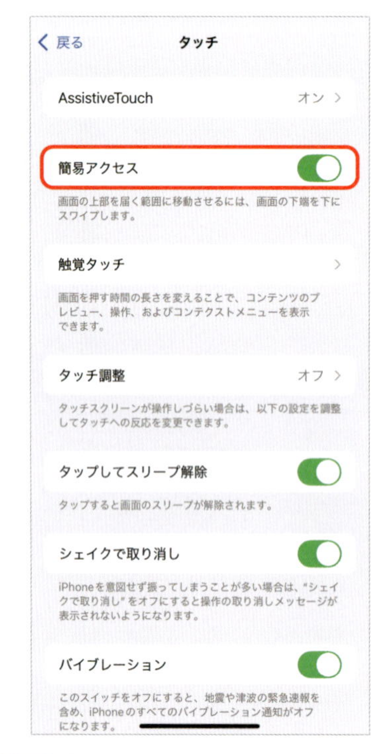

1 「設定」アプリの「アクセシビリティ」➡「タッチ」で「簡易アクセス」をオンにします。ミスタッチなどで簡易アクセスを動作させたくない人は、オフにしておきましょう

2 画面下部のDockの辺りを下方向にフリックすると画面が下がります。この状態でバッテリー残量の辺りを下方向にスワイプすると、コントロールセンターが表示できます

131 アラームを無音にしてバイブレーションだけにする

電車やバスでの移動の際、居眠りして乗り過ごさないようにアラームを設定したい場面で、「消音モード」にしてたつもりがアラームが鳴ってしまったことはありませんか？ 目は覚めますが、パニックになりますよね。

実は、消音モードでも「時計」アプリのアラームは音が出てしまいます。音を出さずにバイブレーションだけにするには、消音モードではなく、アラームの音を「なし」に設定しておくのが正解です。

1 「時計」アプリで「アラーム」の画面を開き、音を消したいアラーム、または画面右上の［+］ボタンをタップし、次の画面で「サウンド」をタップします

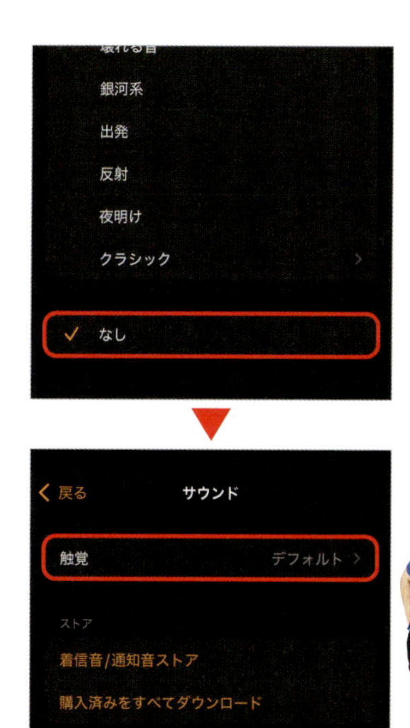

これで静かに起きられます

2 「サウンド」画面を一番下までスクロールして「なし」を選択します。なお、バイブレーションの動作については、同じ画面の一番上に戻って設定します

132 先手必勝の寝落ち対策！ 動画や音楽をタイマーで止める

動画や音楽を視聴しながら眠りにつく習慣がある人もいるのではないでしょうか？ でも、そのまま寝落ちして朝起きたらバッテリーが空になっていたりしたら目も当てられません。

そんな最悪の事態に陥る前に、タイマーにちょっとした工夫をしておきましょう。「時計」アプリのタイマーで、タイマー終了時に鳴らす通知音の代わりに「再生停止」をセットするだけでOK。これで安心して就寝できますね。

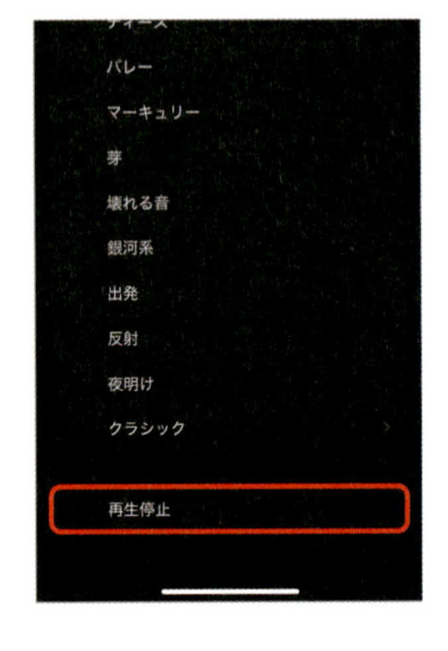

「時計」アプリを起動して、「タイマー」➡「タイマー終了時」の画面を開きます。一番下にある「再生停止」を選択したら、時間を設定してタイマーを開始します

133 たまったアラームの時間設定もSiriに頼めば一発消去！

「時計」アプリのアラームを目覚まし代わりに使ってる人は多いでしょう。ボクも、絶対に寝坊できない大事な用事があるときは、3段階にアラームをセットしてます。でも、そうするとセットした時間がどんどん溜まってしまいます。これをひとつひとつ消すのは面倒ですよね。そういうときは、Siriにお願いすれば一発で消去してくれますよ！ もちろんセットするときは「6時に起こして！」でOKです。

Siriを呼び出して「アラームを全部消して」と頼みます。アラームを削除するか確認されたら、「はい」と答えればOK。大量のアラームの設定を一発消去できます

134 うっかり課金しないためのサブスクリプションの解約方法

iPhone用のアプリやサービスの中にもサブスクリプション（定期購入）タイプのものが増えてきました。一定期間無料で試せるものもありますが、その多くは、アプリを削除しても解約しない限り自動更新されるため、放っておくと支払いが発生してしまいます。

うっかり課金を防ぐためにも自分がどんなサブスクリプションに登録しているのか、ときどきチェックして、不要なものは早めに解約することをオススメします。

1 「設定」アプリ上部の名前➡「サブスクリプション」をタップし、次の画面で表示される契約中のアプリ一覧から内容を確認したいアプリを選んでタップします

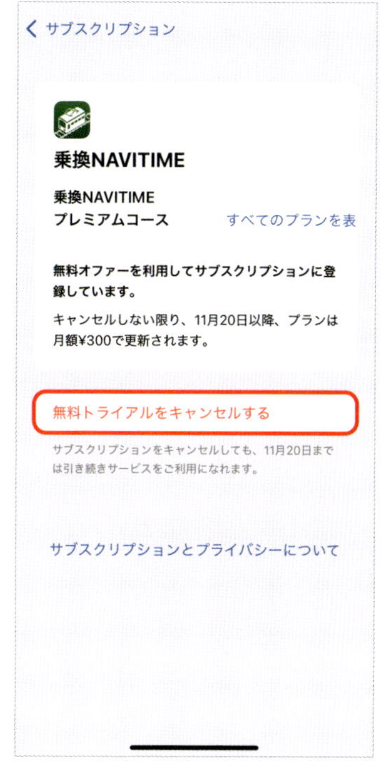

2 サブスクリプションのプランが表示されます。[無料トライアルをキャンセルする]をタップして、確認画面でキャンセルします。プラン変更や契約解除もここから操作できます

135 空き容量が気になり始めたら重複した写真を整理しよう

家族や友人との間で写真や動画のやり取りを繰り返したり、SNSに投稿した写真を保存する設定にしていたりすると、同じ写真や動画が増えてしまい、空き容量が気になることも。

重複項目は、ライブラリ画面下部の「ユーティリティ」(iOS 17以前では「アルバム」)領域の「重複項目」で確認できます。重複を解消するには「結合」をタップします。同じ絵柄でも高品質のほうを残してくれるので、なかなか気が利いています。

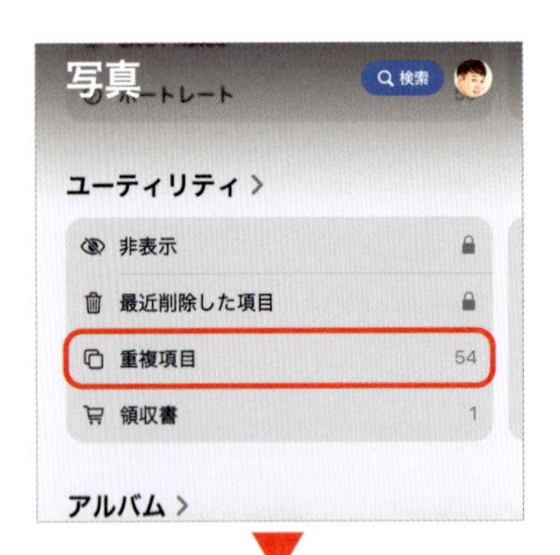

完全に同じデータの場合

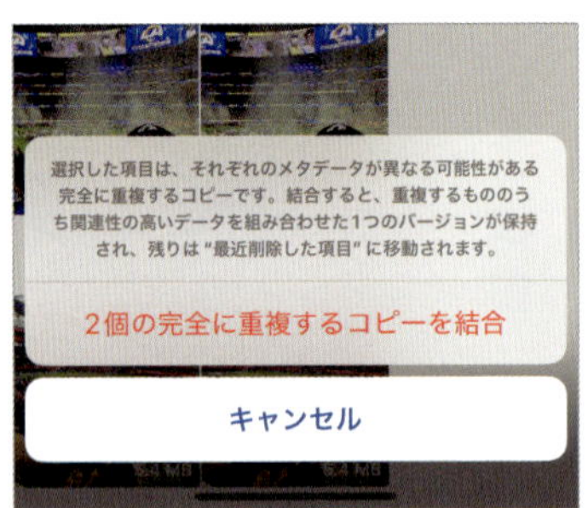

サイズなどに違いがある場合

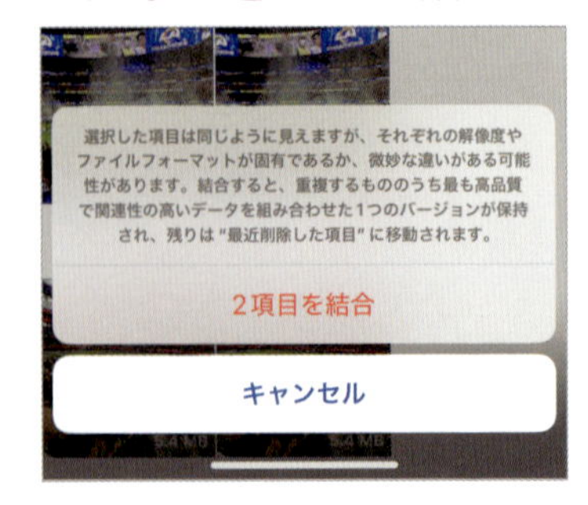

1 「写真」アプリのライブラリ画面を上方向にスクロールして、「ユーティリティ」のリストから「重複項目」を選択し、同じと判断された項目横の「結合」をタップします

2 完全に同じデータは、「○個の完全に重複するコピーを結合」をタップで片方が「最近削除したデータ」に入ります。サイズなどに違いがある場合は高品質なほうが残ります

136 まだタップしてるの? 写真や動画はなぞって選択

「写真」アプリから写真や動画をまとめて送信したり削除したりするとき、ひとつひとつタップして選択していませんか? そんな手間をかけなくても、画面をサッとなぞるだけで、ひとまとめに選択できるんです。

「写真」アプリで、選択したい写真や動画をサムネール表示にした状態で、画面右上部の「選択」をタップします。あとは、選択範囲を指でなぞるだけ! 複数の写真や動画を簡単に選択できますよ。

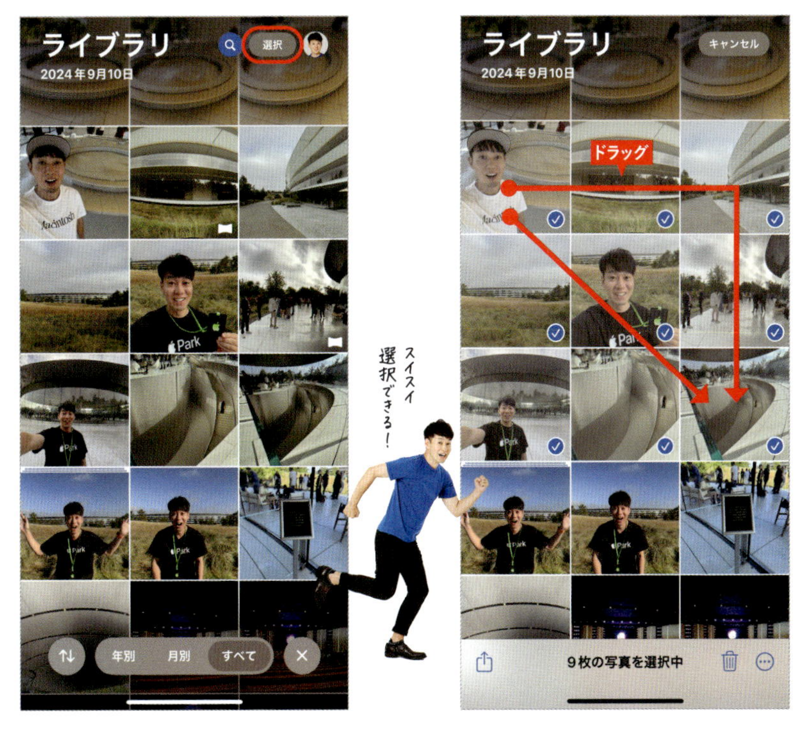

1 「写真」アプリを起動して、「ライブラリ」画面などサムネール表示になっていることを確認し、右上の「選択」をタップします。これで写真や動画が選択可能な状態になります

2 指で横方向になぞると1列まとめて選択できます。そのまま縦になぞると範囲全体が選択されます。斜めになぞっても同様に選択できます。列を飛ばして選択することも可能です

137 字を読むのも面倒くさい!? Siriに音読してもらおう

以前本書でアクセシビリティの「読み上げコンテンツ」機能を紹介したことがありますが、正直、あまり日本語が得意とは言えない感じでした。iOS 17以降のSafariでは、Siriが文章を読み上げてくれるようになりました。通勤や通学の電車の中でニュース記事を読んでもらえたら便利ですよね。

なお、読み上げの対象は、リーダー表示に対応したWebページとなります。それ以外のページは、従来の「読み上げコンテンツ」を利用しましょう。

1 「Safari」で読んでほしいページを開き、スマート検索フィールド左端の「リーダー」アイコンをタップ。続いて「ページの読み上げを聞く」をタップすると読み上げが開始します

2 この方法で読み上げを実行すると、「ミュージック」アプリと同じように、ロック画面にコントローラーが表示されるので、途中で一時停止したり読み上げを再開したりできます

138 別のメールを参照しながらメールを作成するワザ

メールの作成中に、別のメールを参照したいとき、どうしていますか？ 下書きとしていったん保存するのも間違いではありませんが、保存したり開き直したりと手間がかかります。

「メール」アプリでは、意外と簡単に参照できるんです。メッセージ作成画面でタイトル部分を下方向にスワイプすると作成画面が一時的に隠れます。その間に参照したいメールの内容を確認し、画面下に待機中のタブをタップすれば、作成画面に戻れます。

1 「メール」アプリで新規メッセージのタイトル部分を下方向にスワイプ、またはタイトル上部のバーをタップで、画面が下に隠れます。隠れた画面はアプリを閉じても保持されます

2 このまま受信ボックスから参照したいメールを開いて閲覧できます。作成画面に戻るには、タイトル部分をタップします。新規メールは書きかけでも、複数あってもOKです

139 返信が必要なメールには「リマインダー」を設定しよう

iPhoneでチェックしたメールにあとでゆっくり返信しようとして、結局忘れてしまう……。そんな“メールあるある”に打ち勝つために、ぜひとも活用したいのが「メール」アプリの「リマインダー」機能です。

あとで返信したいメールに「リマインダー」を設定すると、指定したタイミングで通知されるほか、「受信」メールボックスの一番上に表示されるので、ほかのメールを確認する際にも思い出せるというわけです。また、リマ

1 重要なメールが届きました。「必ず返信しなくてはいけないけれど、今はできない」という状況のとき、一覧から該当メールを右方向にスワイプします

2 「リマインダー」のアイコンが現れるので、それをタップし、表示されたメニューから通知のタイミングを選びます。ここでは「あとでリマインダー」を選択します

インダーを設定すると、自動的に「リマインダー」メールボックスが作成されるので、複数のメールにリマインダーを設定している場合は、そこでまとめて確認できます。これで大事なメールの返信忘れを防ぎましょう！

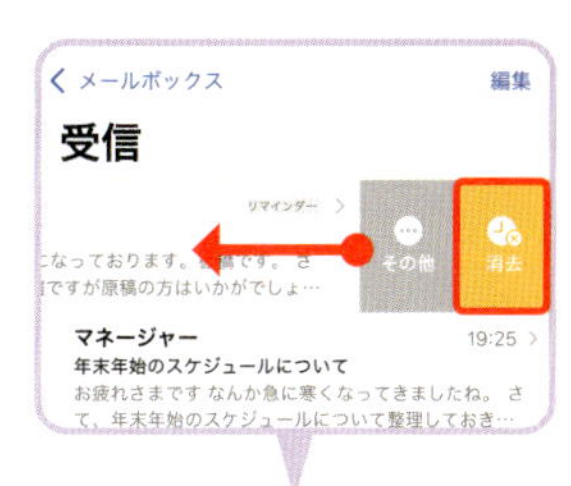

MEMO

リマインダーの取り消し方

「受信」または「リマインダー」メールボックスで、取り消すメールの行を左方向にスワイプし、時計アイコンの「消去」をタップします。設定を変更するには、「その他」➡「リマインダーを編集」をタップします。

3 リマインダーを通知させたい日を選択後、「時刻」をオンにして下に現れるダイアルで時刻を設定します。最後に右上の「完了」をタップしたら準備はOKです

4 リマインダーを設定したメールには、時計のアイコンが付きます。設定した日時になると、ほかのメールの受信時間に関係なくメールボックスの最上位に表示されます

140 微妙な時間に書いたメールを翌日の朝に予約送信する

営業時間外にメールを作成して、「こんな時間にメールを送るのは怪しいかな……」と、翌日まで待って送信したことはありませんか？ そんなときは「予約送信」が便利ですよ。

メールを書いたあと、送信ボタンを長押しします。メニューが開くので、そこから送信したいタイミングを選びます。ここで「あとで送信...」を選べば、詳細な日時の指定も可能です。翌年など少し先の日時も指定できるので、誕生日のお祝いメールを今のうちに予

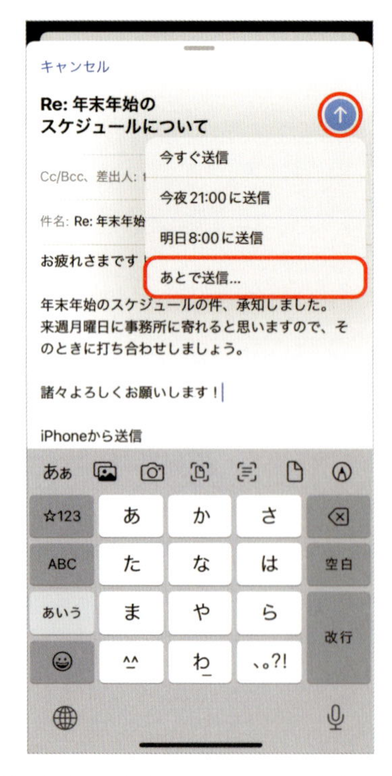

1 メールを作成したら、右上の送信ボタンを長押しすると、メニューから送信時間を指定できます。ここでは「あとで送信...」を選択して、詳細な日時を指定します

2 続いて表示される画面では、まず送信する日を選択してから右上の時間をタップします。続いて送信時刻を指定し、最後に画面右上の「完了」をタップします

約なんてこともできるんです。
　ただし、送信時にiPhoneがオンラインである必要があります。電波の届かない場所に行く前に予約をして、オフラインのまま予約の日時となっても送信されないので要注意！

MEMO

オフラインの環境で予約の日時となった場合

「あとで送信...」は、スケジュールを指定して送信しますが、サーバー上ではなく端末上で処理を行います。予約した送信時間に、設定したiPhoneがオフラインの場合、予約メールは送信されず、以降、オンラインになったタイミングで送信されます。

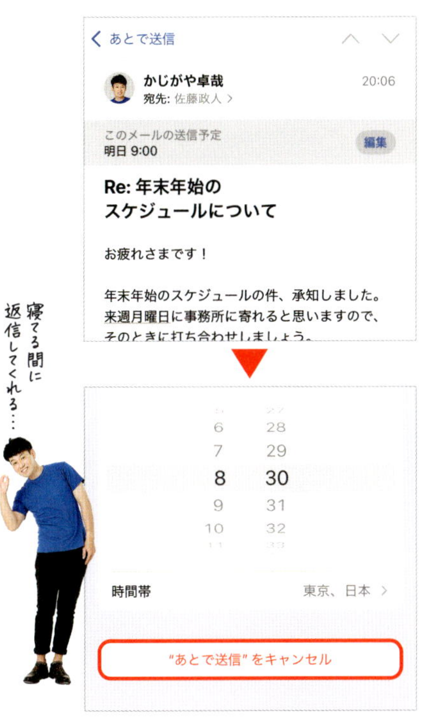

3 設定が終わると、メールボックス画面に「あとで送信」メールボックスが表示されます。複数のアカウントを使っている場合、送信予約メールはすべてこの中にまとめられます

送信日時の変更は、「あとで送信」から該当メールを選んで「編集」をタップして行います。「"あとで送信"をキャンセル」をタップすると予約が取り消され、「下書き」に移動します

おわりに

本書を最後までご覧いただき、ありがとうございます。iOS 18を総括すると、"かゆいところに手が届く"OSになったと思います。個人的には10年以上使っていたサードパーティーのカレンダーアプリをアップルの「カレンダー」アプリに全面的に乗り換えたり、「iPhoneミラーリング」でMacからiPhoneを操作できるようになったので、デスクの上のiPhoneの配置を変えたりと、生活にもその影響が出ている気がします。

そしてボクにとってiPhone 16シリーズは、iPhoneへの思いをあらためて強くした機種になりました。今さらですが、ボクはずっとiPhoneが好きで、その思いのままにiPhoneのよさを周囲に伝えてきました。そして、それが仕事となり、それでも変わらずテレビだったり、講習会やイベントだったり、そしてこの本だったりと、ただ真っすぐに活動してきました。今回、米国のアップル本社の発表会に呼んでいただいたのは、そんな活動が実を結んだ瞬間でもありました。ただし、現地では早朝から夜までスケジュールがギッチリ詰まっており、さらに深夜までYouTubeで出す動画を制作して、翌日は早朝から予定が埋まっているという日々でした。アップルのファン過ぎて、実はちょっと観光気分だったのですが、現実は全然違いました（笑）。今ではそれも本当にいい思い出になっていて、また招待していただけるようにがんばりたいと思います。

最後になりましたが、今回も『スゴいiPhone』シリーズを実現させてくれた株式会社インプレスの皆さん、最後の最後までこだわって本を作ってくれた編集の矢野さん、帯書きを快く引き受けてくださった、かまいたちの濱家隆一さん、制作に協力してくれている多くの方々に、この場を借りてお礼申し上げます。

かじがや卓哉

索引

本書のご感想をぜひお寄せください
https://book.impress.co.jp/books/1124101078

読者登録サービス

アンケート回答者の中から、抽選で**商品券（1万円分）**や**図書カード（1,000円分）**などを毎月プレゼント。
当選は賞品の発送をもって代えさせていただきます。

■商品に関する問い合わせ先

このたびは弊社商品をご購入いただきありがとうございます。本書の内容などに関するお問い合わせは、下記のURLまたは２次元コードにある問い合わせフォームからお送りください。

https://book.impress.co.jp/info/

上記フォームがご利用いただけない場合のメールでの問い合わせ先
info@impress.co.jp

※お問い合わせの際は、書名、ISBN、お名前、お電話番号、メールアドレス に加えて、「該当するページ」と「具体的なご質問内容」「お使いの動作環境」を必ずご明記ください。
なお、本書の範囲を超えるご質問にはお答えできないのでご了承ください。

●電話やFAX でのご質問には対応しておりません。
また、封書でのお問い合わせは回答までに日数をいただく場合があります。あらかじめご了承ください。
●インプレスブックスの本書情報ページ https://book.impress.co.jp/books/1124101078 では、本書のサポート情報や正誤表・訂正情報などを提供しています。あわせてご確認ください。
●本書の奥付に記載されている初版発行日から3年が経過した場合、もしくは本書で紹介している製品やサービスについて提供会社によるサポートが終了した場合はご質問にお答えできない場合があります。

■落丁・乱丁本などの問い合わせ先

service@impress.co.jp
※古書店で購入されたものについてはお取り替えできません。

STAFF

デザイン
楯 まさみ（Side）

制作協力
吉本興業株式会社
KDDI株式会社
ソフトバンク株式会社
https://www.softbank.jp/

撮影
枝松則之

編集
矢野裕彦（TEXTEDIT）
瀧坂 亮

校正
今井 孝

編集長
片元 諭

iPhone芸人かじがや卓哉の
スゴいiPhone 16 超絶便利なテクニック140
16/Plus/Pro/Pro Max対応

2024年12月21日　初版第１刷発行

著　者　かじがや卓哉
発行人　高橋隆志
編集人　藤井貴志
発行所　株式会社インプレス
〒101-0051　東京都千代田区神田神保町一丁目105番地
ホームページ　https://book.impress.co.jp/

印刷所　日経印刷株式会社
ISBN978-4-295-02081-3 C3055
Printed in Japan